U0160010

金属空气电池关键材料与器件

郑学荣 邓意达 ◎ 主 编

中国建材工业出版社

北 京

图书在版编目（CIP）数据

金属空气电池关键材料与器件/郑学荣，邓意达主编 . -- 北京：中国建材工业出版社，2024.5

ISBN 978-7-5160-3994-6

Ⅰ . ①金… Ⅱ . ①郑… ②邓… Ⅲ . ①金属-空气电池

Ⅳ . ① TM911.41

中国国家版本馆 CIP 数据核字（2024）第 006171 号

内 容 简 介

　　《金属空气电池关键材料与器件》是一本关于金属－空气电池基础知识与前沿进展的综合性著作，内容涵盖金属－空气电池基本概念与原理、锌／镁／铝／铁／锂／钠等金属－空气电池正极催化剂材料的研究机制与进展、金属负极保护策略及研究现状、电解液的分类与改性、隔膜与极耳等其他部件的介绍，以及金属－空气电池器件的分类与实际应用，并总结了金属－空气电池关键材料所面临的机遇与挑战。全书内容丰富，从电化学理论、正负极关键材料及改性、应用器件等各个层面全面地介绍了金属－空气电池的基础知识与研究进展。

　　本书可供从事金属－空气电池研究与工业应用的科技工作者阅读参考，也可作为材料、化工、能源等相关专业的本科高年级学生、研究生的参考书。

金属空气电池关键材料与器件
JINSHU KONGQI DIANCHI GUANJIAN CAILIAO YU QIJIAN
郑学荣　邓意达　主 编

出版发行：中国建材工业出版社
地　　　址：北京市海淀区三里河路 11 号
邮政编码：100831
经　　销：全国各地新华书店
印　　刷：北京天恒嘉业印刷有限公司
开　　本：787mm×1092mm　1/16
印　　张：7.75
字　　数：160 千字
版　　次：2024 年 5 月第 1 版
印　　次：2024 年 5 月第 1 次
定　　价：78.00 元

主编作者简介 ⫸

郑学荣，海南大学材料与工程学院教授、博士生导师，主要从事金属－空气电池等新型能源电极材料的设计开发和储能器件研究。博士毕业于天津大学，师从胡文彬教授、邓意达教授，并先后在美国弗吉尼亚理工大学、香港城市大学等开展科研工作。以第一或通讯作者在 *Advanced Materials*、*Advanced Engineering Materials*、*Acta Materialia*、*Angewandte Chemie International Edition* 等期刊发表 SCI 论文 100 余篇，他引 4000 余次，高被引论文 14 篇。主持国家自然基金联合基金重点项目、面上项目、青年项目、国际合作项目等 10 余项。入选人社部"香江学者计划"、海南省拔尖人才，受邀担任中国科协卓越期刊 *Microstructures*、*Renewables* 青年编委。开发的高纯钴基、锰基材料被用于制备日产 25m² 的膜电极，开发的百瓦级金属－空气电池应用于野外训练，开发的 30W 级海水金属－空气电池已在南海开展实海测试。

邓意达，入选国家高层次人才计划，海南大学教授、博士生导师，材料科学与工程学院院长。长期从事金属基微纳电极材料的可控制备、金属－空气电池、材料腐蚀电化学等研究，重点开展电解水制氢、空气电池及二氧化碳捕获和利用等方向的材料设计开发与器件应用。提出了跨尺度调控低成本、高效过渡金属基电极材料形貌结构、表/界面特性的有效策略，并通过原位/非原位同步辐射、电化学光谱和成像技术等，结合理论计算揭示了材料的电化学催化与储能机制。已累计在 *Advanced Materials*、*Angewandte Chemie International Edition* 等材料领域顶级期刊发表 SCI 论文 200 余篇，他引 9000 余次，高被引论文 18 篇，入选"科睿唯安"全球高被引科学家。已获授权国家发明专利 20 项，出版学术著作 2 部。主持国家重点研发计划课题 2 项，国家自然基金重点项目、面上项目、海南省重点研发计划、国际合作项目等 20 余项。相关研究成果获国家科学技术进步奖二等奖 1 项和省部级一等奖 3 项。受邀担任 *Rare Metals*、*Microstructures* 等期刊副主编、编委等职务。受邀担任中国有色金属学会理事、中国材料研究学会青年工作委员会常务理事、中国腐蚀与防护学会理事、中国机械工程学会材料分会委员、海南省化学化工学会副会长等职务。

前　言

　　随着"双碳"战略目标的实施，绿色可再生能源飞速发展。"十四五"规划和2035年远景目标纲要等政策文件，同样强调推动我国能源结构转型与绿色能源产业发展，对储能设施提出了进一步的要求。金属 – 空气电池以金属（如锌、镁、铝、铁、锂、钠等）为阳极，以空气中的氧气或纯氧作为阴极，电解液一般为碱性或中性盐溶液，具有低成本、高安全性、环境友好、高能量密度以及长循环寿命等优点，对我国推动能源结构转型、保障能源安全、实现"双碳"目标具有重大战略意义。了解金属 – 空气电池的构成、工作原理及其发展前沿，可为进一步开发高性能的金属 – 空气电池提供研究思路，为实现产业化应用奠定基础。本书正是在这种背景下编写的，以普及金属 – 空气电池的概念，推动其进一步发展。

　　本书内容翔实，以深入浅出的语言，按照水系与非水系金属 – 空气电池的分类，介绍了几类研究较多的金属（锌、镁、铝、铁、锂、钠等）– 空气电池体系，系统阐述了金属 – 空气电池在电化学理论、关键材料、电池器件及其实际应用层面的基础知识和研究现状。相关专业的科技工作者可以通过本著作快速了解金属 – 空气电池的相关知识及应用前景，为科学研究与创新提供知识体系支撑。

　　本书由海南大学海洋新能源开发与电化学应用科研团队郑学荣教授和邓意达教授组织撰写，并负责内容体系的设置、统稿与定稿工作。海南大学袁益辉教授、王杨副教授负责第2章和第3章的资料整理汇总；王慧副教授、王浩志副研究员负责第4章和第5章的相关文献搜集；李纪红副教授、李虹博士负责第6章的资料内容整理。本研究团队中的多名研究生也为本书的编写提供了帮助，分别是郭园园、芦俊达、姜芷琪、贾柔娜、蒋禧蓉等，在此表示衷心的感谢。

　　本书获得海南省高等学校教育教学改革研究资助项目（项目编号 Hnjg 2023 ZD-6, Hnjg 2024 ZD-1）的支持。

　　由于时间较为仓促，且科技的发展日新月异，书中难免存在不足与疏漏之处，请读者不吝赐教。

编者

2023 年 10 月

目　录

4　金属 – 空气电池电解液研究进展

5　金属 – 空气电池其他关键部件

6　金属 – 空气电池器件

7　总结与展望

1 绪 论

能源和环境问题是 21 世纪中国乃至世界发展面临的严峻问题之一。当前市场上的能源供应大部分来自煤、石油和天然气等化石燃料，然而正是这些化石燃料的有限储量和过度使用造成当今社会的能源危机和环境问题。在过去的几十年中，电化学能量存储和转换系统迅速发展，其应用减轻了传统化石燃料的消耗 [1-2]。自 20 世纪 90 年代以来，电化学电池应用范围日益广泛。尤其是锂离子电池，因其具有更高的能量转换效率以及更便携的机械配置，已成功地应用在生活中的各种便携式设备中 [3]。然而近年来，随着电动汽车和大型智能电网的飞速发展，对更强大、更稳定的电化学储能系统提出了更为迫切的需求 [4]，即高功率输出、大能量密度、长使用寿命以及性能稳定的电池装置。其中，燃料电池具有能量密度高、成本低和运行过程清洁环保等诸多优点，受到广泛关注 [5]。燃料电池是一种通过化学反应将燃料中的化学能直接转化为电能的装置，根据燃料的不同可分为氢燃料电池（Hydrogen fuel cell）、金属燃料电池（Metal fuel cell）、直接醇燃料电池（Direct alcohol fuel cell）、氨空气燃料电池（Ammonia-air fuel cell）和直接肼燃料电池（Direct hydrazine fuel cell）等 [6-7]。

1.1 金属 – 空气电池概述

金属燃料电池是燃料电池的一种，阳极为固体金属（如锌、镁、铝、铁、锂、钠等），电解液一般为碱性或中性盐溶液，以空气中的氧气或纯氧作为燃料源的空气电极，故又名为金属 – 空气电池（Metal-air battery）[8]。与氢燃料电池相比，金属 – 空气电池的能量密度虽然略低，但其安全性能高、在高低温等各种复杂环境中具有广泛的适用性，因而金属 – 空气电池更具发展前景和大规模应用的可能。

金属 – 空气电池的特征主要有以下几点：首先，具有极高的理论比能量，如图 1-1 所示。由于空气电极所用活性物质是空气中的氧，所以理论上正极的容量是无限的，且活性物质在电池装置之外，因此空气电池的理论比能量（在 1000Wh·kg^{-1} 以上）比一般金属氧化物电极拥有的比能量大得多，而实际比能量在 100Wh·kg^{-1} 以上，远高于其他几种电池（如铅酸电池、镍铬电池、锂离子电池）。其次，电池成本低，金属 – 空气电池所用的材料均为常见的金属材料，如铁、锌、铝等，同时正极活性物质为空气中的氧气。该电池有一部分是与大气连通的，电池结构是开放的，无须密封，极大地降低了电池的成本。最后，金属－空气电池在大电流充放电时性能依旧能保持稳定。尤其是锌－空气电池，当其使用粉状多孔锌电极作为负极、电解液选择碱性电解液后，可以在极高电流密度下工作。如果用纯氧代替空气，其放电性能还能进一步提高。根据理论计算可知，可使电流密度提高约 20 倍[9]。但由于金属－空气电池是开放体系，故而缺点也很明显：首先电池无法密封，容易导致电解液的挥发以及碳酸化，造成电池内阻增加，影响电池效率以及寿命；其次是负极的自放电以及钝化问题。

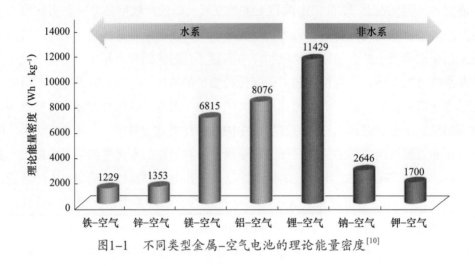

图1-1　不同类型金属–空气电池的理论能量密度[10]

1.1.1　金属 – 空气电池的发展

早在 1868 年，勒克朗谢（Leclanche）开发出首个金属－空气电池。至 1975 年，在加拿大 Aluminum Power 等公司的倡导下，金属－空气电池技术开始发展，尤其是一次锌－空气电池，实现了实际应用。美国能源部（DOE）曾投资几百万美元支持劳伦斯 - 利弗莫尔国家实验室（LLNL）研制替代内燃机的金属－空气电池。但到 1984 年，由于未能突破金属－空气电池关键技术，其发展很慢、水平很低，DOE 再无兴趣继续投资，世界各地的研究工作相继陷入低潮。自 Aluminum Power 公司和 Voltek 公司开发的金属板更换式电池在多项关键技术方面获得长足的进步以来，金属－空气电池的研发迎来了第二个春天。金属板更换式电池（可更换负极电池）在电池放电完毕时，可将用过的金属电极更换成一个新的金属电极，从而使电池"快速充电"。目前已突破的主要技术有以下几方面：

（1）改善正极催化剂：采用金属大环化合物代替铂（Pt）和银（Ag），降低约 85% 的成本。

（2）提高正极寿命：采用高分子膜电极技术，使寿命由循环 200 次提升到循环 3000 次。

（3）设计柔性结构的电极：保证极间距恒定，使输出电压平稳。

（4）使用空气扩散管理器：通过空气扩散管理器带动风扇运转，可加快氧气的传输速度，提高电极反应区域的氧气的浓度，保证放电所需的氧气量，提高放电电压和放电容量。

（5）改善负极合金：如在铝－空气电池中使用低纯度铝（Al）加工合金，可降低约56%的成本。

（6）提高负极利用率：改进合金结构，使负极利用率由50%提高到95%。

（7）采用插卡式更换负极金属板：实现真正的"快速充电"，保证了电池的实际使用效果。

（8）使用电解液添加剂：使原来附于负极表面的胶体产物变成晶体沉淀，提高负极活性及利用率。

（9）使用微处理逻辑控制系统：对电池的温度、热交换、电解液循环、电源转换等全部实现智能控制。

这些技术的重大突破，不但提高了电池的性能，而且降低了造价，使金属－空气电池的实用化成为可能。

1.1.2 金属－空气电池的组成及分类

根据电池阳极消耗固体金属燃料的不同，金属－空气电池可分为镁－空气电池、铝－空气电池、锌－空气电池、锂－空气电池、钠－空气电池等。金属－空气电池的构造大体相仿，均由金属阳极、电解液、空气电极构成，其构造与氢氧燃料电池基本相同。金属－空气电池的结构示意图如图1-2所示。

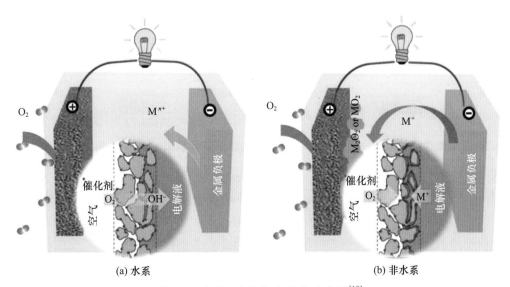

图1-2　金属-空气电池结构示意图[10]

1.2 金属 – 空气电池反应原理

可充电金属 – 空气电池的电极反应与电解液种类有关，可分为水系与非水系金属 – 空气电池。

1.2.1 水系金属 – 空气电池反应原理

在酸性水系金属 – 空气电池中，金属阳极自身会发生剧烈的析氢自腐蚀反应，不仅造成能源的浪费，还会产生复杂的热管理。此外，在强酸性的环境下，极有可能降低部分电催化材料的稳定性。因此，研究涉及的水系金属 – 空气电池通常属于碱性。一般来说水系金属 – 空气电池的电极反应如下：

$$金属电极：M \longleftrightarrow M^{n+} + ne^- \tag{1-1}$$

$$空气电极：O_2 + 4e^- \longleftrightarrow 2H_2O + 4OH^- \tag{1-2}$$

式中，M 代表锌、镁、铝、铁等金属；n 代表金属离子的电荷数。

放电过程中金属电极上产生的金属离子可能进一步与碱性电解质中的 OH^- 发生反应。在空气电极上，放电和充电过程中分别发生氧还原反应（Oxygen reduction reaction, ORR）和氧析出反应（Oxygen evolution reaction, OER）。这两种反应是燃料电池和电解水领域的重点研究内容。

1.2.2 非水系金属 – 空气电池反应原理

对于锂、钠、钾等金属来说，由于其无法在水相中稳定存在，一般选用有机电解质。在非水系锂 – 空气电池、钠 – 空气电池中，氧与空气电极上的金属离子发生反应，空气电极上的放电产物可以是金属超氧化物或过氧化物。电极反应如下：

$$金属电极：M \longleftrightarrow M^+ + e^- \tag{1-3}$$

$$空气电极：xM + O_2 + ne^- \longleftrightarrow M_xO_2 \ (x = 1 或 2) \tag{1-4}$$

氧分子首先被还原为超氧离子，而后与金属离子相结合。然而，根据软硬酸碱理论（Hard-Soft Acid-Base Theory, HSAB），具有较小离子半径的 Li^+ 是一种硬路易斯酸，与 O_2^- 的结合并不稳定[10]。因此 Li 超氧化物会不成比例地形成锂 – 空气电池的主要放电产物 Li_2O_2[11]。而针对 Na^+ 和 K^+，随着离子半径的增大，两者与 O_2^- 的结合更加稳定，放电产物中超氧化物的比例会随之增加。放电过程中产生的过氧化物和超氧化物沉积在空气电极上，在充电过程中分解为金属离子和氧。空气电极的 ORR 和 OER 过程与水系金属 – 空气电池中有明显区别。此外，由于 Li、Na 和 K 金属对空气中的 H_2O 和 CO_2 非常敏感，因此以这些金属为阳极的金属 – 空气电池通常需要在纯氧中工作，也被称为

Li-O$_2$、Na-O$_2$ 和 K-O$_2$ 电池 [12]。

1.3 金属 – 空气电池的关键问题与应用前景

迄今为止，金属 – 空气电池作为高能量密度、低成本和环境友好的电源已经实现部分商业应用。例如，铝 – 空气电池被应用为海上导航信标的动力源；锌 – 空气电池广泛应用于助听器以及一些铁路信号灯中。此外，研究人员已进行了各种尝试，探索金属 – 空气电池在电动汽车上的应用，以取代目前使用的锂离子电池。尽管金属 – 空气电池拥有良好的性能和一些成功的实际应用经验，但在某些方面仍存在着不可忽视的劣势，阻碍了其大规模商业化应用。例如，商业金属 – 空气电池目前是"机械充电"的，而商业锂离子电池平均至少可以充电 1000 次；半开放式结构可以有效简化配置，降低金属 – 空气电池质量和成本，但这种设计也可能导致金属 – 空气电池在严重的振动、挤压或减压条件下产生电解液泄漏现象，针对这一问题，设计金属 – 空气电池封闭式结构可以有效地解决，但需要一个额外的供气系统，使电池配置复杂化，从而失去电池质量和成本的优势；废弃电池过高的回收成本也是其面临的一项巨大挑战，特别是对紧凑型金属 – 空气电池；空气中的 CO$_2$ 和 H$_2$O 会干扰金属 – 空气电池涉及的电化学过程，而目前的膜技术无法在保证 O$_2$ 快速渗透的同时有效阻挡不需要的气体成分。

对于研究者来说，在大规模应用之前还需要克服一些基本问题：对于水系金属 – 空气电池，如锌 – 空气电池、铝 – 空气电池和镁 – 空气电池，主要存在可充电性能差、动力学缓慢、阳极材料腐蚀等问题。为此，研究人员开发了各种 ORR 和 OER 电催化材料，以提升金属 – 空气电池的可充电性和电极反应动力学性能，通过合金化和提高阳极材料纯度的手段来提高其耐腐蚀性。对于非水系金属 – 空气电池，特别是锂 – 空气电池面临的挑战主要有五个方面：

（1）对非水系电解质中与电催化剂性质相关的反应机理以及 ORR 和 OER 的电化学过程缺乏基本认识；

（2）电解质和含碳阴极材料的不稳定性会导致一系列副反应发生，致使电解质和电极的过度降解，大大降低空气电池的循环性能和容量；

（3）急需低成本、高效率的双功能电催化剂，以提高电极反应动力学性能，降低放电和充电反应过电位，提高空气电池的倍率性能和循环性能；

（4）急需空气阴极结构的合理设计策略，以充分利用多孔纳米结构，提高比体积，进一步增强电极反应动力学性能；

（5）阳极材料在电池循环过程中的不可逆恢复也会降低空气电池的循环寿命，造成高极化，继而形成高反应性的锂和钠枝晶，这些亦是金属 – 空气电池商业化前需要解决的安全问题。

参考文献

[1]　WINTER M, BRODD R J. What are batteries, fuel cells, and supercapacitors? [J]. Chemical reviews, 2004, 104(10): 4245-4270.

[2]　CHEN X, LI W, XU Y, et al. Charging activation and desulfurization of MnS unlock the active sites and electrochemical reactivity for Zn-ion batteries [J]. Nano Energy, 2020, 75(1).

[3]　WANG F, WU X, LI C, et al. Nanostructured positive electrode materials for post-lithium ion batteries [J]. Energy & Environmental Science, 2016, 9(12): 3570-3611.

[4]　YANG Z, ZHANG J, KINTNERMEYER M C W, et al. Electrochemical energy storage for green grid [J]. Chemical reviews, 2011, 111(5): 3577-3613.

[5]　FU J, LIANG R, LIU G, et al. Recent progress in electrically rechargeable zinc-air batteries [J]. Advanced Materials, 2019, 31(31): 1805230.

[6]　ZHAO Y, SETZLER B P, WANG J, et al. An efficient direct ammonia fuel cell for affordable carbon-neutral transportation [J]. Joule, 2019, 3(10): 2472-2484.

[7]　XIAO F, WANG Y C, WU Z P, et al. Recent advances in electrocatalysts for proton exchange membrane fuel cells and alkaline membrane fuel cells [J]. Advanced Materials, 2021, 33(50): 2006292.

[8]　卢惠民, 范亮. 金属燃料电池 [M]. 北京：科学出版社, 2015.

[9]　王明华, 李在元, 代克化. 新能源导论 [M]. 北京：冶金工业出版社, 2014.

[10]　LI Y, LU J. Metal-air batteries: will they be the future electrochemical energy storage device of choice? [J]. ACS Energy Letters, 2017, 2(6): 1370-1377.

[11]　LU J, LI L, PARK J B, et al. Aprotic and aqueous Li-O_2 batteries [J]. Chemical reviews, 2014, 114(11): 5611-5640.

[12]　WANG H F, XU Q. Materials design for rechargeable metal-air batteries [J]. Matter, 2019, 1(3): 565-595.

2 金属 – 空气电池正极材料

2.1 研究背景

金属 – 空气电池由金属阳极和空气阴极组装而成，以空气中的氧作为正极活性物质，金属锌、铝和锂等作为负极活性物质，空气中的氧气可源源不断地通过气体扩散电极到达电化学反应界面与金属反应而放出电能。空气电极放电过程涉及氧还原反应（ORR），而充电过程涉及析氧反应（OER）。空气中的氧气在空气电极表面吸附困难，且 ORR/OER 反应涉及复杂的四电子转移过程，从而导致正极反应动力学迟滞，是导致金属 – 空气电池高极化和低可逆性的主要原因。金属 – 空气电池的正极活性物质是空气中的氧气，电池阴极的电化学反应发生在空气电极和电解液形成的固液气三相界面，所以它的电化学反应速度受到氧气从空气中扩散进来的速度以及在界面的反应活性所控制。因而要提高空气电极的放电电流密度，可以从两方面进行考虑：一是提高空气电极催化剂的本征活性；二是调控固液气三相界面的结构及提升其电化学反应动力学参数。空气电极的充 / 放电过程是一个复杂的四电子反应，且可逆性小。因此，合理设计高效的双功能氧催化剂，加速反应动力学，降低电池的放电和充电过电位，可以显著提高电池的性能。目前，铂（Pt）基催化剂是优良的 ORR 催化剂，铱（Ir）和钌（Ru）基催化剂在 OER 方面有着优异的性能，但其高昂的成本、较差的双功能活性及稳定性极大地限制了其发展。因此降低 Pt、Ir、Ru 等贵金属的负载量或开发成本低廉的双功能非贵金属氧电催化剂是提高空气阴极反应效率的关键。通过掺杂和引入缺陷，操纵晶面以及对载体的组成和形态进行工程设计等策略，对催化剂活性位点的电子结构、配位结构进行调节，可以有效提高催化剂的本征活性。此外，空气电极的反应涉及多相、多界面间的传质，所涉及的原子、基团、部件等跨尺度问题十分复杂。因此调节空气电极催化剂界面结构的亲水性和疏水性，优化三相边界区域的气体黏附和释放，对于加速含气反应，从而减小放电 – 充电电位间隙，提高金属 – 空气电池的能效至关重要。此外，适当的形态和结构设计增加阴极中可接触的活性位点和加速传质是提高阴极反应效率的另一个有效策略。通过对催化材料的结构等进行设计（如多孔结构、层状结构等）提升空气电极的空间利用率，进而获得稳定的空气 – 电极 – 电解质三相界面、有效的反应物 / 电子转移，以及充分暴露的电催化活性位点。因此，空气电极催化剂的多尺度设计策略，优化

反应中间体的吸附 / 解吸，气体黏附 / 释放，促进电荷传输 / 传质，仍然需要进一步的努力，以实现有吸引力的金属 – 空气电池的实际应用。

2.2 锌、镁、铝、铁 – 空气电池正极材料反应机理

金属 – 空气电池在充放电过程中涉及四电子析氧反应（OER）/ 氧还原反应（ORR），其迟缓的反应动力学过程导致锌 – 空气电池存在较大的极化效应，使能量转化效率偏低。此外，由于催化剂体系往往仅对单一反应过程起作用，因此制备高效稳定的双功能电催化剂，使之能够在同一电解质中进行高效催化 ORR 和 OER，是实现高性能金属 – 空气电池的关键一步。目前研究致力于开发高效的双功能催化剂来解决氧气在 OER 和 ORR 过程中缓慢的动力学问题，降低正极反应过程中的电化学极化，进而提高电池的充放电效率，减少能量损耗。

2.2.1 锌、镁、铝、铁 – 空气电池组成与反应基础

相比于高活性金属锂、钠、钾而言，相对惰性的金属如锌、镁、铝、铁，通常作为水系金属 – 空气电池的金属负极 [1]。而正极部分为气体扩散电极，由气体扩散（防水透气）层、集流体和催化层组成，如图 2–1 所示 [2]。其中，气体扩散层主要作用是促进空气电极中氧气的运输；集流体的作用是收集电子，集流体是空气电极的支撑骨架；催化层是空气电极最关键的组成部分，决定了金属 – 空气电池的充放电效率和稳定性。

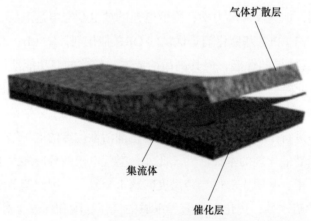

气体扩散层

集流体

催化层

图2-1 空气电极结构模型图[2]

通常，对于一次水系电解质的金属 – 空气电池的电极反应式见式（1–1）、式（1–2）[3]。

对于二次可充电金属 – 空气电池，金属 – 空气电池在充电过程中会在空气电极上发生析氧反应（OER），如图 2–2 所示。目前，锌、铁 – 空气电池可以在水系电解液中进

行充电，而镁、铝－空气电池需要通过机械式替换阳极进行充电，不能直接还原电解液
中的金属离子。

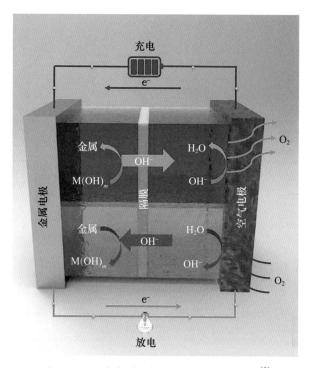

图2-2　水系金属-空气电池工作原理图[2]

到目前为止，大多数正在研究的金属－空气电池仍然只有在非常有限的实际应用领
域得以实现。对于一次（或二次）水系金属－空气电池来说，电池性能的评估可分为放
电性能和充电性能。如何提高该类金属－空气电池的放电性能和充电性能仍然是一个巨
大的挑战。因此，从材料科学的角度出发对正极催化材料进行合理的设计与研究对提升
金属－空气电池性能至关重要。

2.2.2　锌、镁、铝、铁－空气电池正极 ORR 与 OER 机制

金属－空气电池的放电过程与充电过程，在空气电极上通常发生氧还原反应
（ORR）和析氧反应（OER），均经过 4 电子途径。然而两种反应的动力学极其缓慢，通
常来说电化学反应动力学高度依赖于所施加的电位，特定的电化学反应的标准电位是指
发生反应时的热力学平衡电位，例如 OER 的标准电位是 1.23V。然而在实际的工况下，
很少有反应可以在热力学平衡电势下发生，需要克服能量势垒，因此导致充放电性能不
佳、电压差距较大、工作条件下的循环寿命短等问题，如图 2-3 所示 [4]。因此需要开发
高性能氧电催化剂，克服 ORR 和 OER 的动力学瓶颈并提高相应充放电性能。对于二次
可充电金属－空气电池，还需要开发兼顾 ORR 和 OER 反应的双功能催化剂。

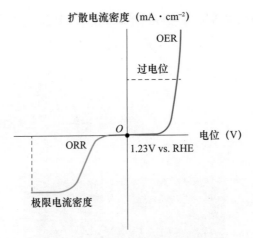

图2-3　ORR和OER的极化曲线[4]

2.3　锌、镁、铝、铁 – 空气电池正极材料研究进展

可应用于金属 – 空气电池的正极催化材料必须考虑活性、稳定性、导电性、质量传输以及成本等多方面因素。目前，根据材料元素种类可将已探索的 ORR 或 ORR/OER 双功能催化材料分为贵金属、非贵金属、非金属材料，根据材料的功能性又可分为贵金属、合金、非贵金属氧化物 / 碳化物 / 氮化物、碳基材料及其复合型材料。而对于双功能电催化剂而言，碳基材料和过渡金属化合物及其复合材料，由于成本低、储量丰富等实际因素，表现出巨大的潜力。本章将详细介绍目前针对锌、镁、铝、铁金属 – 空气电池正极催化材料所开发的氧还原催化剂和双功能催化剂及其结构设计。

2.3.1　贵金属催化剂

氧还原反应（ORR）通过 2 电子还原途径生成产物为过氧化氢（H_2O_2），仅涉及 OOH* 作为反应中间体，而通过 4 电子途径生成产物为水，根据 O_2 分子是否解离，同时考虑缔合和解离机制。缔合机理涉及三个不同的中间体，即 *OOH、*O 和 *OH；而解离途径涉及 *O 和 *OH 两个中间体（* 为活性位点）。在众多贵金属中，Pt 被公认为是一种应用于 ORR 最活跃的贵金属电催化剂，商业铂炭（Pt/C）催化剂通常作为评价 ORR 电催化剂活性的基准材料。内斯科乌（Norskov）等人，提出了一种基于电子结构计算电化学过程反应中间体稳定性的方法，并将该方法与密度泛函理论计算相结合，建立不同种类金属与 O* 和 OH* 吸附能数据库，解释了不同过渡金属和贵金属的氧还原趋势[5]。Pt 位于火山图的顶点位置，在保证氧还原中间物种（OH* 物种）顺利吸附的同时，又不会因吸附能太强导致活性位点被占据而引发毒化，如图 2-4（a）所示。然而为了降低使用贵金属带来的成本，降低贵金属负载或提高 Pt 基催化剂活性的方法不断被探索。将 Pt 与其他廉价过渡金属合金化展现出比纯 Pt 催化剂更好的 ORR 活性。在光谱学和理论计算的帮助下，Pt 合金活性增强原因得到了很好的理解，格里利（Greeley）等人提出了一组由钯（Pd）或 Pt 与早期过渡金属 [如钪（Sc）或钇（Y）] 组成合金的 ORR 电催化剂，并对比了其 ORR 活性趋势 [图 2-4（b）]，指出 OH* 和 O* 等中间体在表面的紧密结合是 Pt 基催化剂活性衰减的主要原因 [6]。其他过渡金属的引入不仅提高了 Pt 的利用效率，而且通过配体或应变效应调节与 O* 的结合能从而提高 ORR 活性。例如，Xia 等人报道了通过在 Pd 核上沉积 Pt 壳来制备空心 Pt-Pd 纳米笼，其结构如图 2-4（c）所示。该结构具有（111）和（100）晶面，然后选择性蚀刻 Pd，Pt-Pd 基多孔纳米结构具有低 Pd 含量 [7]。Figueredo-Rodríguez 等人制备了一种质量分数 30% Pd/C 纳米材料双功能催化剂，利用 3D 打印技术制造了可充电铁 - 空气电池，在 $10mA \cdot cm^{-2}$ 的电流密度下循环时，其能量密度为 $453Wh \cdot kg^{-1}_{Fe}$，最大充电容量为 $814mAh \ g^{-1}_{Fe}$，电池电压为 $0.76V^{[8]}$。

此外，提高贵金属在催化剂表面的暴露比例，增强活性位点利用率是一种较为新颖的策略。由于催化过程是表面反应，只有催化剂表面的原子才能直接参与到中间产物的吸附和后续反应，提高 Pt 在催化剂颗粒表面的分布数量，可以很大程度上提高 Pt 的利用率。Chen 等开发了一类利用双金属纳米颗粒结构演化的新型 ORR 电催化剂，$PtNi_3$ 实心多面体被转化为具有三维分子可及性的空心 Pt_3Ni 纳米框架，如图 2-4（d）所示。纳米结构由富 Ni 合金转变为富 Pt 合金，Pt_3Ni 纳米框架的高比表面积和开放式结构之间的协同作用使得反应物能够进入内部和外部表面，提高了活性位点利用率 [9]。Zhao 等采用硼氢化物还原的方法合成了多壁碳纳米管（MWCNT）负载 PdSn 双金属 ORR 催化剂用于镁 - 空气电池 [10]。通过热处理调控催化剂合金含量与表面成分，提高催化活性及稳定性。结果表明，热处理 24h 的 PdSn/MWCNT 表现出最佳的碱性 ORR 性能，具有低过电位、高扩散限制电流密度和优异的稳定性。此外，其他贵金属如银（Ag）、金（Au）及其合金，近年来也受到了广泛关注。Ag 由于其成本相对较低（仅为铂金价格的 1%）、适当的活性和更好的长期稳定性而受到广泛关注。Yuan 等人通过电沉积制备了 3D 互连多孔 Ag，其高比表面结构有利于促进质量传输，np-Ag 的 ORR 催化活性比多晶 Ag 提高了 130 倍，甚至超过了 0.1mol/L NaOH 中的商业 Pt/C 催化剂，如图 2-4（e）所示 [11]。Luo 等合成了一系列多壁碳纳米管负载 AuPt 纳米粒子（AuxPt/MWNT，d≈3.0nm）ORR 催化剂，用于铝 - 空气电池 [12]。含有质量分数 8.95% Au 及 5.3% Pt 含量的 Au1.68Pt/MWNT 催化剂具有优异的比体积（$921mA \cdot h \cdot g^{-1}$）和功率密度（$146.8mW \cdot cm^{-2}$），优于质量分数 20% 的 Pt/C 电极性能。

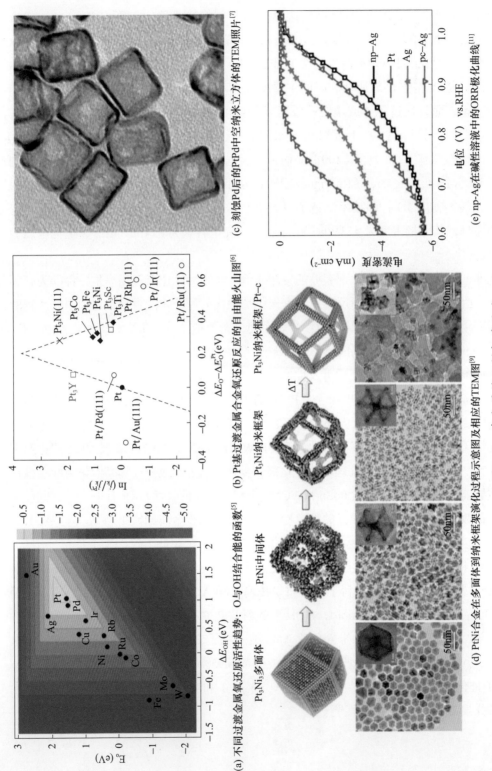

(a) 不同过渡金属氧还原活性趋势：O与OH结合能的函数[5]

(b) Pt基过渡金属合金氧还原反应的自由能火山图[6]

(c) 刻蚀Pd后的PtPd中空纳米立方体的TEM照片[7]

(d) PtNi合金在多面体到纳米框架演化过程示意图及相应的TEM图[9]

(e) np-Ag在碱性溶液中的ORR极化曲线[11]

图2-4　贵金属催化剂相关反应

2.3.2 过渡金属基催化剂

贵金属催化剂的高成本、低稳定性和单一的催化性能使其应用前景受到了限制，采用非贵金属催化剂来代替贵金属催化剂是当前研究的热门方向。目前大部分双功能催化剂的研究成果均属于过渡金属化合物，该类催化剂具有优异的 ORR/OER 双功能活性，部分催化剂活性可以与贵金属基复合催化剂相媲美。代表性的过渡金属基催化剂可以分为单一金属氧化物、尖晶石型金属氧化物、钙钛矿型金属氧化物和过渡金属硫 / 硒化物等。

1. 单一金属氧化物

在单一金属氧化物中，锰氧化物（MnO_x）是大家广泛研究的材料，其优势在于环境友好，成本低廉。在氧还原催化方面，Mao 等人发现 MnO_x（Mn_2O_3，Mn_3O_4 等）可以促进 HO_2^- 的歧化反应，有助于 O=O 键的断裂，促进 OH^- 的生成，避免了 H_2O_2 的产生与积累，实现了 O_2 向 OH^- 的转变[13]。此外，人们认为 MnO_x 在氧还原过程中还存在另外一种机理，MnO_x 中存在大量的 Mn^{III}/Mn^{IV} 氧化还原偶联离子对作为氧的受体和供体，使得 ORR 反应遵循四电子反应路径。在反应过程中，质子插入到 MnO_x 中形成 MnOOH，然后两个中间产物 MnOOH 与氧气分子结合，从而生成 OH^-。

锰氧化物的形貌和晶体结构对其催化性能也有较大影响。Meng 等人分别研究了 α-MnO_2、β-MnO_2、δ-MnO_2 和无定形 MnO_2（AMO）与其氧催化活性之间的作用关系，结果表明二氧化锰的 OER 和 ORR 催化性能高度依赖于晶体结构，遵循如下关系：α-MnO_2 > AMO > β-MnO_2 > δ-MnO_2[14]。α-MnO_2 相比于其他晶体结构的二氧化锰具有更高的活性在于 α-MnO_2 是由 MnO_6 八面体组成的 2×2 隧道结构，相对于 1×1 隧道结构的 β-MnO_2 可以容纳更多的氧气分子。Xu 等人对 MnO_2 的晶体结构、形貌和电子排列进行了合理的设计，可控地合成了"绣球花"状 α-MnO_2 与碳纳米管协同的双功能杂化催化剂，分别用于三种金属－空气电池正极（锌－空气电池、镁－空气电池及铝－空气电池），并对其稳定性衰减机制进行了研究[15]。"绣球花"状的 MnO_2 与碳纳米管交织形成一个相互联系的网络，如图 2-5（a）所示，可以有效地扩大电活性区域，提高催化剂的电导率，缩短离子扩散路径，提高催化活性。在可充电锌－空气电池中表现出较小的充放电压降（0.81V）和较强的循环稳定性（500h），优于贵金属 Pt/C+IrO_2 混合催化剂。但是在长循环条件下，位于 MnO_6 八面体中不稳定的 Mn^{3+} 离子会导致 2×2 隧道结构向 1×1 隧道结构的 β-MnO_2 转变，使得氧分子容量下降，催化活性降低。

2. 尖晶石型金属氧化物

尖晶石结构的混合价态过渡金属型氧化物比单一金属氧化物具有更灵活的结构调控能力和更好的电催化性能，在碱性电解液中具有较高的耐用性。其中通过对尖晶石过渡金属氧化物组分和含量的合理改变可以实现对 OER 和 ORR 催化活性的调控。尖晶石氧化物根据其金属离子数量可分为一元（A_3O_4）、二元（$A_xB_{3-x}O_4$）和三元（$A_xB_yC_{3-x-y}O_4$）

尖晶石型氧化物。

一元尖晶石型氧化物（A_3O_4）中，四氧化三钴（Co_3O_4）尖晶石型金属氧化物是研究最多的双功能氧催化材料。与锰氧化物类似，Co_3O_4 中不同价态的钴离子可作为氧吸附的供体 – 受体，可以对氧气进行可逆的吸脱附，有利于提高 OER 和 ORR 催化性能。Co^{2+} 和 Co^{3+} 分别位于 Co_3O_4 尖晶石结构的四面体位置和八面体位置，与氧原子形成 Co-O 八面体的 Co^{3+} 可以有效加速 OER 反应动力学。Han 等人提出了一种简便、快速、可控的合成负载不同晶面包裹 Co_3O_4 纳米结构的方法，通过调控优化 Co_3O_4 表面 Co^{2+} 和 Co^{3+} 活性位点的比例以及对氧的吸脱附行为，制备了具有优异双功能催化活性的 Co_3O_4 尖晶石结构催化剂用于碱性锌 – 空气电池 [16]。该团队提出了氨分子与钴离子的相对摩尔比是影响 Co_3O_4 形核沿不同晶面择优生长的关键参数，随着氨水添加量不断增加，在氮掺杂石墨烯基底上分别获得了 {001}，{001}+{111} 及 {112} 晶面构筑的 Co_3O_4 立方体、截角八面体及多面体纳米框架，暴露出了不同表面原子构型的 Co^{2+} 和 Co^{3+} 活性位点。{001} 和 {111} 晶面仅包含四面体配位的 Co^{2+} 位点，没有八面体配位的 Co^{3+} 位点；而 {112} 晶面包含 Co^{2+} 和 Co^{3+} 位点，具有 Co^{3+} 的 {112} 晶面具有更高的催化活性，其结构如图 2-5（b）~（d）所示。从配体场理论的观点对电催化机理进行研究，在 ORR 和 OER 过程中，Co^{3+} 相对于 Co^{2+} 提高了供电子能力，有利于 O_2/OH^- 的置换。通过密度泛函理论计算也可以得出 {112} 晶面具有适度的氧结合能，在吸附和解吸之间存在一个良好的平衡，从而具有最高的 ORR 活性。总的来说，暴露的晶面通过调节 Co 的催化活性位点、表面原子构型和氧化状态，影响 Co_3O_4 表面的氧电催化活性，Co^{3+} 活性位点以及 Co_3O_4 与氮掺杂石墨烯之间的电子耦合协同能够优化含氧物在材料表面的吸脱附和活化行为，是材料展现高效电催化活性的内在原因。Li 等人于 2016 年开发了一种超细四氧化三锰（Mn_3O_4）纳米线 / 三维石墨烯 / 单壁碳纳米管催化剂 [17]，电子转移数为 3.95（0.60V vs Ag/AgCl），装配成镁 – 空气电池具有优异的电化学性能，在 $0.2mA \cdot cm^{-2}$ 电流密度下表现出 1.49V 的高开路电压，具有高电压平台（1.34V）以及长放电时间（4177 分钟）。Wang 等人利用持续超声辅助水热的方法制备了氧化钴掺氮石墨烯（Co_3O_4/N-GO）杂化材料，将其作为铝 – 空气电池正极并对其电化学行为和催化活性进行了系统的研究 [18]。结果表明，超声处理可使 Co_3O_4 的吸收率由 63.1% 提高到 70.6%，且经过超声处理制备的 Co_3O_4/N-GO 比未经超声处理的材料表现出更好的 ORR 活性。组织的铝 – 空气电池在 4M KOH 电解质中表现出 1.02V 的平均工作电压，比使用未超声处理的混合材料高约 60mV（电流密度为 $60mA \cdot cm^{-2}$）。

二元尖晶石型氧化物（$A_xB_{3-x}O_4$）是采用不同种类的过渡金属离子对一元尖晶石型氧化物中的金属离子部分取代形成的，因此二元尖晶石型氧化物有较多种类。例如，不同阳离子取代 Co_3O_4 中的 Co 离子可以形成二元尖晶石氧化物，可以有效调控催化剂组成，优化其晶体结构并获得优异的导电性。Cheng 等人在室温下以 $NaBH_4$ 和 NaH_2PO_2

为还原剂制备了两种不同纳米结构的 $Co_xMn_{3-x}O_4$ 尖晶石催化剂，分别为四方晶系的 CoMnO-B 和立方晶系的 CoMnO-P，如图 2-5（e）（f）所示 [19]。其中 $Co_xMn_{3-x}O_4$ 的晶体结构取决于 Co/Mn 比，当 $1.9 \leqslant x \leqslant 3$ 时，一般为四方晶系；当 $0 < x \leqslant 1.3$ 时为立方晶系。密度泛函理论（DFT）计算表明，暴露在立方晶系中的（113）晶面比四方晶系的（121）晶面能形成更加稳定的中间体，有利于催化 ORR 反应。特别是在相同比表面积下，（113）晶面比（121）晶面拥有更多的 ORR 活性位点，使得 CoMnO-P 具有更好的 ORR 催化活性。Liu 等人通过两步水热法合成了用 $LiMn_2O_4$ 纳米粒子修饰的氮掺杂石墨烯纳米片（LMO/N-rGO）作为铝－空气电池 ORR 催化剂，并测试了其在空气环境下的放电性能 [20]。采用 LMO/N-rGO 正极的电池表现出较高的比容量（585mAh·g^{-1}），电位下降缓慢。其催化活性和电池性能的提高可归因于氮诱导的活性位点的作用，以及氮掺杂石墨烯片与尖晶石锂锰氧化物之间的协同共价偶联。其测试结果证实 LMO/N-rGO 是一种极具发展前景的空气正极材料，在铝－空气电池中具有良好的活性和稳定性。

三元尖晶石型氧化物（$A_xB_yC_{3-x-y}O_4$）中有三种不同的阳离子共存于晶体中，使得该材料在维持催化剂本征结构的同时还需要保持优异的电催化活性，具有一定的挑战性。Koninck 等人对 $Mn_xCu_{1-x}Co_2O_4$ 三元尖晶石催化剂进行了研究，发现 ORR 和 OER 的电催化活性强烈依赖于 $CuCo_2O_4$ 中 Mn 的含量 [21]。Mn 的加入使得 ORR 的表观和本征电催化活性呈相反的趋势，Cu 和 Mn 的同时存在不利于增加固有电荷密度，但有利于几何电荷密度的增加。在 $Mn_{0.6}Cu_{0.4}Co_2O_4$ 时 ORR 催化活性达到最高，每个氧分子的交换电子总数最高，接近 4 个电子，ORR 更遵循 4 电子转移步骤。在 OER 电催化反应中，固有的电催化活性取决于 Co^{3+} 在氧化物表面电化学形成的 Co^{4+} 活性位点的数量，当 Cu 被 Mn 部分取代时 Co^{4+} 活性位点数量减少，使得 OER 活性降低。目前来看三元尖晶石型氧化物的复杂性会使相关研究工作面临更大的挑战，但是深入研究这类催化剂中每个阳离子的作用以及相互作用规律，对提高该类催化剂的催化活性及应用具有重大意义。

3. 钙钛矿型金属氧化物

钙钛矿晶体结构的过渡金属氧化物（ABO_3）是不同于尖晶石结构的另一种常用双功能催化剂。A 一般为碱土金属或稀土金属（La、Pr、Ca、Sr、Ba），B 为过渡金属（Co、Fe、Mn、Ni）。离子半径大的碱土或稀土金属离子占据 A 位，周围有 12 个氧离子配位，A 与 O 形成最密堆积。过渡金属离子占据 B 位，周围有 6 个氧离子，配位形成 BO_6 八面体。其中，A 位和 B 位均可由其他碱土金属、稀土金属或者过渡金属部分替代，因此钙钛矿氧化物种类更加丰富。钙钛矿过渡金属氧化物的立方晶体结构随其组成的变化而变化，从而表现出不同的电化学活性。钙钛矿型催化剂的 ORR 和 OER 活性主要取决于过渡金属离子本征特性，不同过渡金属离子的引入会产生晶格缺陷，形成一定程度的氧空位从而产生更多的氧化还原偶联电子对，表现出优异的氧离子流动性以及交换动力学参数。钙钛矿双功能催化剂的活性位点通常被认为是 B 位点的阳离子，研究人员通过调控钙钛矿氧化物中阳离子的种类和数量，改善其氧化还原偶联电子对、氧迁移率和导电性等本征物理特性，从而得到不同催化活性的双功能催化剂。在钙钛矿型氧化物催化剂中主要包括二元和三元钙钛矿氧化物。

二元钙钛矿氧化物有 $LaMnO_3$、$BaTiO_3$ 和 $LaFeO_3$ 等。Chen 等人通过制备过程中改变热处理温度对氧化物结构以及氧含量进行调控，制造不同程度的氧空穴，从而提高双功能催化剂的反应活性以及本征动力学参数[22]。其采用溶胶-凝胶法在 1300℃ 条件下制备了具有氧空穴的 $BaTiO_{3-x}$ 催化剂（h-$BaTiO_{3-x}$），见图 2-5（g）。h-$BaTiO_{3-x}$ 中有部分氧位点被取代形成氧缺陷，由于丰富的氧缺陷使其具有优越的双功能催化活性。研究表明 h-$BaTiO_{3-x}$ 实际组成为 $BaTiO_{2.76}$，其丰富的氧缺陷促进了电化学过程中电荷转移以及反应物吸附等过程。Zhu 等人报道了一种简单有效的方法，在 $LaFeO_3$ 钙钛矿结构中引入 A 位阳离子缺陷来提高碱性溶液中的 ORR 和 OER 活性[23]。在钙钛矿晶格中引入 A 位阳离子缺陷可以改变其物理和化学性质。A 位阳离子缺陷所产生的额外氧空位可以促进氧离子的运输，从而提高 ORR 活性，并且氧化物中适当的氧空位也可以增强 OER 的电催化活性。试验结果表明，A 位阳离子缺陷的 $La_{1-x}FeO_{3-\delta}$ 钙钛矿表面氧空位（O_2^{2-}/O^-）对 ORR 和 OER 活性的增强起主导作用。此外有研究表明，e_g=1 电子构型的钙钛矿氧化物在碱性溶液中具有较高的 ORR 和 OER 活性。在 A 位阳离子缺失的 $La_{1-x}FeO_{3-\delta}$ 中出现了额外的 Fe^{4+}，见图 2-5（h），Fe^{4+} 在钙钛矿中基本处于高自旋状态，Fe^{4+}（$t_{2g}^3e_g^1$）是提高 ORR 和 OER 活性的另一因素。

三元钙钛矿氧化物有 $LaCaCoO_3$、$LaCaMnO_3$、$LaSrMnO_3$、$LaSrCoO_3$、$LaSrFeO_3$ 等。Takeguchi 等人合成了一种"Ruddlesden-Popper"型层钙钛矿 RP-$LaSr_3Fe_3O_{10}$ 催化剂，其结构由三层钙钛矿（La 或 Sr）FeO_3 和一层（La 或 Sr）O 组成，见图 2-5（i）[24]。Fe（$t_{2g}^3e_g^{1.33}$）的 e_g 轨道填充接近 1，具有丰富的氧空位，催化剂有较高的 ORR 活性，起始过电势接近理论值 1.23V。RP-$LaSr_3Fe_3O_{10}$ 钙钛矿结构很容易实现氧的释放和掺入，使得可逆的 ORR 和 OER 得以实现。对不同氧分压下退火得到的 RP-$LaSr_3Fe_3O_{10}$ 的 Fe K 边 X 射线吸收近边结构（XANES）进行了研究。随着氧分压的降低，在 7123eV 左右的 Fe K 吸收边缘的位置向低能量方向转移。这种低能量转移可以解释为单一钙钛矿 $La_{1-x}Sr_xFeO_3$ 中 Fe 离子的还原。随着铁氧化数的降低，氧分压的降低会引入更多的氧空位。对 RP-$LaSr_3Fe_3O_{10}$ 中 Fe K 边 XANES 与单一钙钛矿 $La_{0.6}Sr_{0.4}FeO_3$ 的吸收能位移进行了比较，RP-$LaSr_3Fe_3O_{10}$ 吸收能变化是 $La_{0.6}Sr_{0.4}FeO_3$ 的 3 倍。对于 $La_{1-x}Sr_xFeO_3$ 体系，随着氧分压的降低，$La_{0.6}Sr_{0.4}FeO_3$ 更容易形成氧空位。因此 RP-$LaSr_3Fe_3O_{10}$ 中的氧更容易被去除，提高了其 ORR 和 OER 活性。采用 RP-$LaSr_3Fe_3O_{10}$ 钙钛矿氧化物制备的空气电极 ORR 和 OER 过电势基本可以忽略，可将充放电过程中反应所造成的效率损失降到最低。

钙钛矿型氧化物中有二元、三元、四元甚至五元钙钛矿氧化物，其均有作为双功能催化剂应用在锌-空气电池中的潜力。随着金属离子种类的增加，可以更好地调控钙钛矿氧化物的催化活性，但其工艺成本和制备难度也随之增加。目前而言，三元钙钛矿氧化物在锌 – 空气电池中应用最为广泛。

4. 过渡金属硫 / 硒化物

过渡金属硫化物具有良好的稳定性和导电性，是一种优异的 ORR 和 OER 双功能催化剂。Shi 等人采用水热法制备了 NiS、Ni_3S_4 和 NiS_2 纳米球催化剂用于锌 – 空气电池，其中表面负极 Ni^{3+} 的黄铁矿型 NiS_2 催化剂具有最佳的电催化性能，结构如图 2-5（j）（k）所示，其 ORR 半波电位和 OER 过电位分别为 0.80V 和 241mV，具有良好的双功能活性[25]。分析表明八面体配位的 Ni^{3+} 活性中心、大的比表面积和层次结构的协同作用是获得双功能电催化活性的原因。Zheng 等人采用连续离子注入的方法合成了不同界面密度的 $NiSe_2/CoSe_2$ 异质结构的锌空气正极催化剂，见图 2-5（1），具有致密界面的过渡金属硫化物在碱性电解质中展现出优越的电催化性能[26]。原子级界面的引入可以降低双金属 Ni 和 Co 活性中心的氧化过电位，并诱导核心硒化物和表面原位生成的氧化物 / 氢氧化物之间的电子相互作用，在协同降低能量势垒和加速反应动力学以及催化氧析出方面起到关键作用。通过过渡金属硫化物异质结的构建提高金属原子的本征反应活性，增强硒化物与表面氧化物之间的协同作用，促进了催化性能的提升。Li 等人通过同步碳化 - 硒化策略制备了一种用于铝 – 空气电池的新型 $Cu_2Se@C$ 正极材料，Cu_2Se 纳米颗粒封装包覆在三维多孔碳中[27]。Al||$Cu_2Se@C$ 电池在 200mA·g^{-1} 的电流密度下展现出 1.83V 的高放电平台以及 276.2mAh·g^{-1} 的可逆容量，而且还表现出良好的循环稳定性（800mA·g^{-1} 的电池循环 200 圈后，容量为 54.4mAh·g^{-1}）。

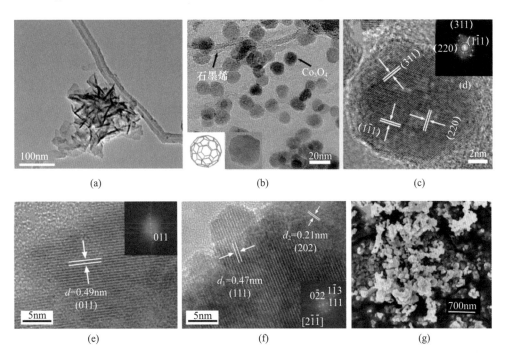

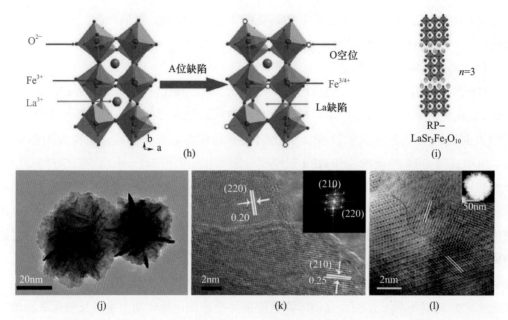

图2-5　（a）MnO₂/CNTs的TEM图[15]；（b）～（d）Co₃O₄–NP/N–rGO的TEM、HRTEM、FFT图[16]；（e）～（f）CoMnO–B和CoMnO–P的HRTEM与FFT图[19]；（g）BTO–1300VAC的SEM图[22]；（h）La₁₋ₓFeO₃₋δ钙钛矿的A位缺陷氧空位以及Fe⁴⁺的形成示意图[23]；（i）RP–LaSr₃Fe₃O₁₀结构示意图[24]；（j）～（k）NiS₂的TEM以及HRTEM图[25]；（l）NiSe₂/CoSe₂–N异质结构的HAADF–STEM图[26]

2.3.3　非金属催化剂

　　碳基材料，如碳纳米管（CNTs）、石墨烯/氧化石墨烯（GO）/还原氧化石墨烯（rGO）、氮化石墨（g-C₃N₄）及其杂化材料已被证明能够促进ORR/OER的电子转移和质量扩散。碳基材料具有成本低、稳定性好、比表面积大、导电率高、物理和化学性质可调等优点，并且可以通过杂原子掺杂、缺陷工程或与其他材料复合调控电子结构，从而提高催化性能。

　　杂原子掺杂调控电子结构和电荷密度分布，增强ORR和OER电催化活性。在碳基材料中引入N、B、O、S、P等杂原子可以有效调节相邻碳原子的局部电子结构和电荷密度分布，增强碳纳米材料的电催化活性。在探索高效双功能催化剂的过程中，氮掺杂碳是研究最广泛的材料之一。Yang等人制备了一种无金属三维氮掺杂石墨烯纳米材料（N-GRW），如图2-6（a）所示，独特的3D纳米结构提供了高密度的ORR和OER活性位点，促进了电解质和电子的传输，具有优异的双功能电催化活性[28]。采用DFT计算对其活性位点进行了研究，氮掺杂碳的氧催化活性主要来自提供电子的四价氮（N型掺杂）和吸电子的吡啶氮（P型掺杂），N掺杂诱导了π共轭体系中的电荷重分布，相邻的C原子降低了ORR或OER能垒。四价氮通过向碳环的π共轭体系提供电子，降

低了中间体 *OOH 的吸附能，增强了 ORR 活性。吸电子的吡啶氮（P 型掺杂）促进了水氧化中间体的吸附，从而提高了 OER 活性。除氮外，其他杂原子（如 B、P、O、S）也被掺杂到碳基体中，改变杂原子掺杂剂周围的电子和电荷分布，从而提高电催化活性。Zheng 等人采用一步热解的方法从盐中合成了 N、P 和 S 同时掺杂的类石墨烯碳（NPS-G）作为锌－空气电池正极催化剂 [29]。通过 DFT 计算了 ORR 反应中间物种 *OOH、*O 和 *OH 在 NP-G、NPS-G 和 Pt（111）上的吸附能，对 S 掺杂提高 NPS-G 氧还原催化活性的原因进行了分析如图 2-6（b）（c）所示。与 Pt（111）相比，NP-G 对 ORR 反应中间产物的吸附能较弱，*OOH 基团由于空间位阻大，吸附不牢固，*OOH 迁移到 P 掺杂剂附近的碳活性位点上，使得 ORR 在该位点上的活性较低。NPS-G 由于 S 原子的掺杂，其 P 位点上的吸附能力显著增强，更接近于 Pt（111）的吸附能。此外，掺杂的 S 对于 ORR 中间体具有一定的吸附能力，因此 S 也可以被认为是活性位点之一。总的来说，N、P 和 S 的掺杂使得催化剂对 *OOH、*O 和 *OH 的化学吸附增强，降低了电荷转移阻抗，促进了 ORR 反应活性。并且多孔的二维结构也有利于增加活性位点密度，提高质量传输速率。这种无金属催化剂具有优异的 ORR 性能，半波电位为 0.857V，与贵金属 Pt 催化剂相当。

缺陷工程调控电子环境，开发双功能活性位点，增强 ORR 和 OER 催化活性。缺陷调控手段可以赋予碳基材料不同位置上缺电子或电荷补偿的环境，提供丰富的双功能活性位点。通过制造异质或边缘结构、合成碳复合材料、掺杂原子、去除原子，以及制备金属杂化材料等途径都可以产生缺陷（五元环、七元环、孔洞、锯齿形、扶手椅边缺陷和拓扑缺陷等）。这些缺陷可以改变 sp² 碳平面的电荷或自旋分布，增强对反应中间体的化学吸附，加速电子转移，有利于电催化过程 [30]。Tang 等人报道了一种具有优异的 ORR 和 OER 性能的氮原子掺杂、富边缘石墨烯网状材料（NGM），研究了氮掺杂和边缘缺陷的影响 [31]。通过第一性原理模拟，阐明了优异性能的潜在机制。结果表明，杂原子掺杂和边缘诱导的拓扑缺陷重新分布了局域电子密度，对反应中间体提供了更强的亲和力，使得 NGM 具有优异的 ORR 活性。边缘缺陷和拓扑缺陷在无金属纳米碳氧电催化材料的活性中起着至关重要的作用。石墨烯网状材料（GM）在锌－空气电池中的 ORR 性能优于氮掺杂石墨烯（NG），GM 中具有更多的边缘缺陷，ORR 活性位点更多。考虑到氮掺杂、拓扑缺陷和边缘效应等所有可能的活性位点，对吡咯氮（PR）、吡啶氮（PN）、位于边缘位置的四价氮（Q）、位于体相的四价氮（QN）、碳五元环（C5）、碳七元环（C7）、碳五元环和其七元环相邻（C5+7）等活性部位的过电位进行了计算。当存在 C5 和 C7 的碳环缺陷时，ORR 的过电位显著降低，与单纯石墨烯相比可以降低过电位 0.33V。对于含氮的构型来说，最活跃的掺杂位点 PR 也是一个五元环。C5 与 C7 相邻形成弯曲构型 C5+7，过电位可以进一步降低到 0.14V，并且 C5+7 的 OER 过电位也很小，只有 0.21V，远低于其他活性位点。对此构建了 ORR 和 OER 反应的火山图如图 2-6（d）所示，将过电位与 OH^- 的结合能进行了关联。Q 位点对 OH^- 的吸附能力较弱，PN 和 QN 位点对 OH^- 的吸附能力太强，导致过电位较高。拓扑缺陷可以将结合能调节到最优值，使得 ORR 和 OER 在 C5+7 位点具有优异的双功能活性。C5+7 构型中 C5-C7 偶极子可以拉长 OOH 中的 O—O 键，使得氧更容易被还原。具有不同电子密度的相邻碳环产生的空间曲率，可以形成永久的偶极矩，这种偶极矩比氮原子和碳原子之间的偶极矩要弱，所以 C5+7 构型具有中等吸附强度以及较高的催化活性。

构筑碳载体与金属催化剂组分间的协同效应，增强 ORR 和 OER 催化活性。碳载体的改性可以赋予金属催化剂组分不同的配位环境，促进金属的高效利用。活性颗粒催化剂与碳载体的密切接触可以产生协同效应，金属颗粒向碳层电子转移产生的活性位点得到极大丰富。对金属 - 载体相互作用的研究有利于以经济、有效的方式调节碳载体来改善金属催化剂的性能。N 掺杂碳杂化催化剂与金属组分（金属纳米颗粒、金属氧化物、金属硫化物、金属磷酸盐等）已被广泛报道，表明金属组分与碳或氮之间产生了很强的相互作用。具体催化性能提升效果随碳材料结构的不同也会产生变化。Wang 等人开发了一种具有骨架 - 活性位点结构的锌 – 空气电池双功能氧电催化剂的简单结构，$Fe/Fe_3C@C$（Fe@C）纳米粒子包裹在 3D 氮掺杂石墨烯和竹节状碳纳米管中（Fe@C-NG/NCNTs），其结构如图 2-6（e）所示[32]。Fe@C 结构在碳表面提供了额外的电子，促进了相邻 $Fe-N_x$ 活性位点上的氧还原反应。3D 氮掺杂石墨烯与竹节状碳纳米管框架的杂化有利于反应物的快速扩散和快速电子转移。优化后的样品具有良好的 ORR 和 OER 活性，电位差仅为 0.84V。采用同步辐射对该催化剂进行了研究，Fe K 边 XANES 曲线与标准 Fe 箔和 Fe_2O_3 的 XANES 曲线不同，表明 Fe 带正电荷，中心 Fe 原子被 N 或 O 原子配位。Gong 等人开发了一种获得 1D 多孔铁 / 含氮碳纳米棒的新策略。利用原位聚合吡咯在 Fe-MIL-88b 衍生的一维 Fe_2O_3 纳米棒表面热解制备了具有阶梯微 / 介孔结构的一维多孔铁 / 氮掺杂碳纳米棒（Fe/N-CNRs），如图 2-6（f）所示[33]。Fe_2O_3 纳米棒部分溶解生成 Fe^{3+} 引发聚合，在聚合过程中作为模板形成 1D 结构。并且吡咯涂覆的 Fe_2O_3 纳米棒状结构可以防止多孔结构坍塌，保护铁在碳化过程中不聚集产生 $Fe-N_4$，使所得的 Fe/N-CNRs 具有较高的 ORR 活性（$E_{1/2}=0.90V$）和良好的长期耐久性。通过 Fe K 边 X 射线吸收近边结构（XANES）和扩展 X 射线吸收精细结构（EXAFS）光谱进一步确定 Fe/N-CNRs 中的 Fe 的电子结构和配位环境。Fe/N-CNRs 的吸收边位于 FePc 和 Fe_2O_3 之间，验证了 Fe/N-CNRs 中的 Fe 元素带正电荷，并可能存在 $Fe-N_x$ 状态。结果表明 Fe 元素均匀分布在 Fe/N-CNRs 中，并与 N 原子配位，形成本质上具有活性的 $Fe-N_4$ 组分。

利用碳材料制备单原子催化剂，提高原子利用率，借助单原子独特的电子结构和优异的催化性能，增强 ORR 和 OER 催化活性。金属有机骨架（MOFs）是一类结晶多孔材料，具有丰富的孔道结构，出色的可设计性和可调节的功能性，被认为是基于金属氮碳（MNC）的 ORR 电催化剂的模板，是合成单原子催化剂的热门材料。单原子催化剂（SACs）作为一种原子尺度的催化剂，具有极高的原子利用率、独特的电子结构和优异的电催化活性。Han 等人通过精确调节双金属 ZnCo-ZIFs 前驱体中的锌的掺杂量，实现了钴原子在原子水平上的空间分隔[34]。在氮掺杂碳基底上制备出了不同钴原子聚集的钴基催化剂：钴纳米颗粒、钴原子簇和钴单原子，此策略使得过渡金属催化剂尺寸效应的研究到达单原子尺度。研究表明，单原子钴具有较高的化学活性、与基底中的 N 配位保证了其稳定性、碳基底优良的导电性和丰富的孔结构、大的比表面积是该材料性能优异的主要原因。这项工作为通过空间分隔效应调控颗粒尺寸提供了参考，对深入理解纳米催化剂尺寸—性能关系具有借鉴作用。此外，在单原子催化剂合成过程中将异质原子（S、P、B）引入碳基体，可以对 M-N$_x$ 活性位点中部分氮原子进行替代。异质原子的引入可以打破常规活性位点的电子结构，有效增强单原子催化剂的催化性能。S 和 N 的掺杂会导致碳骨架内电荷分布不均匀，进而导致碳原子带正电荷，有利于氧的吸附。P 掺杂有助于改变金属中心的电子结构，减弱 *OH 中间体的吸附，从而提高 OER 和 ORR 的催化活性。Cheng 等人报道了一种原子 Fe-N$_x$ 耦合开放介孔 N 掺杂碳纳米纤维（OM-NCNF-FeN$_x$）材料，作为镁－空气电池正极催化剂[35]。所制备的 OM-NCNF-FeN$_x$ 电极具有开放介孔和互连结构、3D 分层多孔网络、良好的生物适应性、均匀耦合的原子 Fe-N$_x$ 位点和高氧电催化性能。中性电解质的镁－空气电池具有高开路电压、稳定的放电电压平台、高容量、长工作寿命和良好的灵活性。

与单金属单原子催化剂（SACs）相比，双金属 SACs 的协同作用也可以有效提高 OER 和 ORR 催化性能。Han 的团队又提出了一种利用杂原子掺杂制备双金属单原子催化剂的方法，通过多巴胺聚合物包裹金属有机骨架作为前驱体，热分解合成了嵌入 N 掺杂空心纳米立方体中原子分线的二元 Co-Ni 位点，制备了具有单原子结构的 Co-Ni 双金属单原子催化剂用于锌－空气电池[36]。均匀分散的单原子和相邻 Co-Ni 双金属的协同作用可以优化氧气的吸附和解吸特性，降低反应总势垒，从而促进可逆氧电催化。

总而言之，贵金属材料、过渡金属材料和碳基材料的研究为空气电极的合理设计提供了丰富的解决方案。但是金属－空气电池大规模实用化仍然存在巨大的挑战，突破其技术瓶颈无疑会掀起新一轮的能源革命，无论是国家还是国内企业，不仅要时刻关注国际上对金属－空气电池研发的前沿动态，还要抓紧攻关加快自主研发，迅速实现其产业化发展。

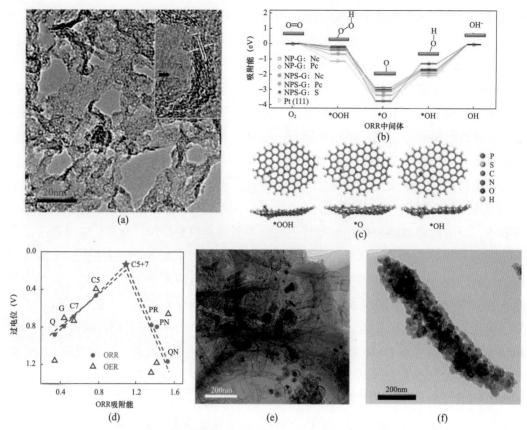

图2-6 （a）N-GRW的TEM图[28]；（b）（c）ORR中间体*OOH、*O和*OH在NPS-G上的吸附能，以及NPS-G P位点上吸附的*OOH、*O和*OH的结构示意图[29]；（d）ORR和OER过电势与OH*吸附能的火山图，表明C5+7是ORR和OER电催化的最佳活性位点[31]；（e）Fe@C-NG/NCNTs的TEM图[32]；（f）Fe/N-CNRs的TEM图[33]

2.4 锂、钠-空气电池正极材料反应机理

锂、钠-空气电池是一种很有前途的储能技术，其能量密度可与化石燃料相媲美，远超商用的锂离子电池。锂、钠-空气电池弥补了充电电池能量密度低、比容量低的缺点，正处于蓬勃发展阶段。其中锂-空气电池备受关注，其优点是能量密度高（含水系统：3582Wh·kg^{-1}；非水系统：3505Wh·kg^{-1}），结构简单，环境友好。典型的锂-空气电池由锂阳极、透气阴极和锂盐基电解质溶液组成。能量通过锂氧反应产生的氧化产物储存，其结构示意如图2-7所示[37]。锂-空气电池电极需要容纳放电产物，促进氧气扩散，并有助于充电过程。锂-空气电池的充放电循环是一个典型的氧化还原反应（ORR/OER），其放电容量和放电平台受到ORR活性的影响，充电电压和循环寿命受到OER活性的影响。此外，空气中的其他成分（如CO$_2$和H$_2$O）也会干扰锂-空气电池

的电化学过程，导致副产物（Li_2O、Li_2CO_3 和 LiOH 等）的形成。为了减少电池性能的
退化，放电过程需要形成尽可能均匀的 Li_2O_2，并产生尽可能少的副产物。充电过程需
要保证电解质稳定，不挥发、不分解，Li_2O_2 分解均匀，不堆积、不发生歧化反应。

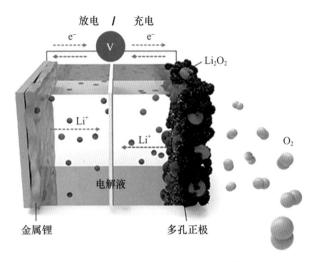

图2-7　锂-氧电池结构示意图[37]

据电解质类型的不同，锂、钠 - 空气电池可分为四种体系：水、非水、水 - 非水混
合和全固态电池。水系和非水系锂 - 空气电池是两个重点研究方向。由于水系锂、钠 -
空气电池存在安全问题，混合和全固态结构复杂，因此不适合大规模应用。目前，非水
系统是最成熟的锂 - 空气电池系统。非水电池仍然保持电池的基本结构：金属锂、钠
为阳极，多孔电极为阴极，有机电解质为介质，维持离子输送。阴极反应物为氧，多
孔碳或泡沫镍仅起集流作用，不参与反应。负载在阴极表面的固相催化剂促进氧和锂、
钠离子之间的反应。电解液以四乙二醇二甲醚三氟化锂（TEGDME）或二甲基亚砜
（DMSO）为溶剂（非水性），锂、钠盐为溶质。放电反应发生在阴极、电解质和氧的三
相界面处。同时，排出产物在阴极表面出现并积累。锂 - 空气电池的反应式如下，其中
式（2-1）、式（2-2）为主反应，式（2-5）、式（2-6）为两种常见副反应。

$$Li^+ + O_2 + e^- \longrightarrow LiO_2 \tag{2-1}$$

$$LiO_2 + Li^+ + e^- \longrightarrow Li_2O_2 \tag{2-2}$$

$$Li^+ + CO_2 \longrightarrow Li_2O_3 \tag{2-3}$$

$$2Li^+ + H_2O + \frac{1}{2}O_2 \longrightarrow 2LiOH \tag{2-4}$$

根据反应式（2-3）和式（2-4），锂 - 空气电池的理论容量可达 $1168mAh \cdot kg^{-1}$，能
量密度接近 $3500Wh \cdot kg^{-1}$。

在放电过程中，锂阳极向电解质中释放 Li^+ 离子，而氧阴极吸收电池外部的 O_2 和电

解质中的 Li^+。因此放电时在锂－空气电极正极发生的 ORR 包含两个步骤：第一步，经历一个电子还原成 O_2^-，并与电解质中的 Li^+ 结合形成 LiO_2 中间体；第二步 LiO_2 发生还原或歧化反应，产生 Li_2O_2。而在放电时，LiO_2 的溶解度在 O_2 还原模型中起着决定性作用。其中，在弱 Li^+ 溶剂化溶液中，Li^+ 与 O_2 反应形成吸附在电极表面的 LiO_2 中间体（LiO_2^*），这称为表面介导的机理，见式（2-5）～式（2-7）：

$$Li^+ + O_2(ad) + e^- \longrightarrow LiO_2^* \tag{2-5}$$

$$LiO_2^* + Li^+ + e^- \longrightarrow Li_2O_2^* \tag{2-6}$$

$$2LiO_2^* \longrightarrow Li_2O_2^* + O_2 \tag{2-7}$$

在强 Li^+ 溶剂化溶液中，生成的 LiO_2 中间体溶解在电解质溶液中，这称为溶液介导的机理，见式（2-8）～式（2-10）：

$$Li^+(ad) + O_2(ad) + e^- \longrightarrow LiO_2(ad) \tag{2-8}$$

$$LiO_2(ad) + Li^+(ad) + e^- \longrightarrow Li_2O_2(ad) \tag{2-9}$$

$$2LiO_2(ad) \longrightarrow Li_2O_2(ad) + O_2(ad) \tag{2-10}$$

在充电过程中，锂阳极储存电解液中的锂离子（Li^+），氧阴极将 Li^+ 离子释放到电解液中，并向环境释放 O_2 气体。充电时 Li_2O_2 氧化成 O_2 有关的 OER 包括三种类型的反应机理：

（1）放电产物 Li_2O_2 分解为 Li^+ 和 LiO_2，Li^+ 迁移继续释放 O_2，见式（2-11）、式（2-12）：

$$Li_2O_2 \longrightarrow LiO_2 + Li^+ + e^- \tag{2-11}$$

$$LiO_2 \longrightarrow Li^+ + e^- + O_2 \tag{2-12}$$

（2）非晶态 Li_2O_2 相被氧化，在界面处产生一些 Li^+ 空位，形成 Li^+ 缺陷的 $Li_{2-x}O_2$ 相，之后 $Li_{2-x}O_2$ 通过固溶反应驱动 Li_2O_2 氧化析出 O_2，式（2-13）、式（2-14）：

$$Li_2O_2 \longrightarrow Li_{2-x}O_2 + xLi^+ + xe^- \tag{2-13}$$

$$Li_{2-x}O_2 \longrightarrow O_2 + (2-x)e^- \tag{2-14}$$

（3）在 Li_2O_2/电解质界面发生 Li_2O_2 的氧化，从 Li_2O_2 界面产生 O_2 和 Li^+，而没有 LiO_2 中间体的形成，见式（2-15）：

$$Li_2O_2 \longrightarrow LiO_2 + Li^+ + e^- \tag{2-15}$$

与锂－空气电池反应进程较为不同的是，在钠－空气电池非水系电解液体系中，其放电产物的具体化学成分仍具有争议。目前讨论较多的是 Na_2O_2 和 NaO_2 两种类型的产物，其化学反应式如下：

正极：	$O_2 + e^- \longrightarrow O_2^-$	（2-16）
或	$O_2 + 2e^- \longrightarrow O_2^{2-}$	（2-17）
负极：	$Na \longrightarrow Na^+ + e^-$	（2-18）
总反应：	$Na + O_2 \longrightarrow NaO_2$（$E_{cell}$=2.27V）	（2-19）
或	$2Na + O_2 \longrightarrow Na_2O_2$（$E_{cell}$=2.33V）	（2-20）

相比于双电子转移机制形成 Na_2O_2 的过程，电化学反应在动力学上更倾向于经过单电子反应形成 NaO_2 产物。然而基于 NaO_2 为放电产物的钠－空气电池的稳定性较差且形成机理不明，因此仍然有大量的研究报道 Na_2O_2、$NaOH$ 和 Na_2CO_3 等其他放电产物。

2.5 锂、钠－空气电池正极材料研究进展

要提高锂、钠－空气电池反应活性，促进放电产物的生成和分解，催化剂的设计与开发是锂、钠－空气电池的关键。具有较强催化活性的催化剂可以改善锂－空气电池的电化学性能，减少副产物的生成。空气阴极的合理设计对提高 ORR 和 OER 的催化活性，阻断碳底物和聚合物黏合剂中的寄生反应，获得优异的电化学性能起着至关重要的作用。

首先，锂－空气电池的阴极必须具有多孔结构，以保证反应物氧的引入。非水锂、钠－空气电池中的氧通过多孔电极与电解液接触，与电解液中的金属离子反应生成产物（主要是 M_2O_2 和 MO_2）。为了保证有足够的氧气参与反应，阴极必须有较大的孔隙体积。此外，阴极在循环过程中需要有稳定的结构，能够承受有机电解质的腐蚀和充电过程的高压反应结束后固体产物的积累。因此，孔径也是电极设计的一个重要参数。最后，氧化还原反应中的反应物需要充分参与反应，发生电子转移，阴极必须具有良好的导电性。

通过合理设计，空气阴极需要满足以下要求：(1)高比表面积和介孔体积，以便于充分储存放电产物；(2)高的化学/电化学稳定性，小的副反应和广泛的电位范围；(3) O_2 和 Li^+ 离子扩散的高质量导电性和快速反应动力学的电子导电性；(4)对 Li_2O_2 或 Na_2O_2 生长具有良好的催化活性。因此，以材料工程为基础，从表面性能、材料结构、化学成分等方面对锂/钠空气电极进行归纳，可分为五类：贵金属、金属氧化物、碳基材料、液相催化剂（氧化还原介质）和其他类型催化剂。

2.5.1 贵金属基催化剂

贵金属催化剂是各种催化剂中最高效的材料，具有优异的催化性能。同时，贵金属也常被用作锂－空气电池的催化剂。Lu 等人将不同的贵金属颗粒与玻碳（GC）进行

比较，筛选了 Pd、Pt、Ru、Au 等材料的 ORR 活性。结果显示，Pt 和 Pd 的 ORR 催化活性最好，如图 2-8（a）所示[38]。与单金属催化剂相比，双金属可以结合两种金属的优势，调节电子结构，从而进一步提升催化活性。例如 Zhou 等人报道，Pt 可以有效降低锂 - 空气电池的充电电位，而 Au 颗粒则可以降低放电过电位，在锂 - 空气电池中使用 Pt-Au 双金属颗粒可以达到降低充放电的双重优势[39]。此外，由不同的纳米结构和贵金属化学活性组分组成的混合电极可以结合每个组件的优点，与单组件电极相比，性能显著提高。特别是将贵金属和过渡金属氧化物结合在一起的混合催化电极可极大提高电池的性能。一方面，通过引入几何尺寸较大的氧化物结构作为宿主，可以有效地避免低维金属纳米结构特别是纳米颗粒的聚集，提高金属组分的分散性；另一方面，过渡金属氧化物的导电性差，限制了过渡金属氧化物的催化活性，而贵金属的加入能极大地改善过渡金属氧化物的导电性。例如 Li 等人使用沸石型金属 - 有机骨架作为模板，制备了 Pd@PdO-Co$_3$O$_4$ 纳米立方体，如图 2-8（b）所示。该纳米立方体对 ORR（起始电位 0.923V）和 OER（在 10mA·cm^{-2} 下电位为 1.54V）具有较高的催化活性，可与商用 Pt/C 和 RuO$_2$ 电催化剂相媲美[40]。Lu 等人通过界面工程设计，利用光刻技术对功能化 Pd 阵列进行图形化并嵌入到 NiO 薄膜中，合理构建了 Pd/NiO 界面，如图 2-8（c）所示，带来了 ORR 和 OER 所需的丰富的 Pd/NiO 原子界面三相区域[41]。这种具有原子异质界面的杂化薄膜不仅提高了电子导电性，而且促进了中间体的吸附，诱导了电化学反应产物的生长 / 分解，从而大大降低了关键步骤的吉布斯能垒，加快了反应动力学过程。与炭黑、纯氧化物薄膜和商业贵金属基催化剂相比，通过降低过电位和提高稳定性，ORR/OER 电催化活性得到显著提高。此外，在水溶液和非水溶液金属 - 空气电池中均取得了优异的 ORR/OER 性能。

除了 Pt 基催化剂外，钌（Ru）基催化剂也取得了不错的进展。Shi 等人研究了金红石型 RuO$_2$ 和单层 RuO$_2$ 对 ORR 和 OER 的催化活性[42]。密度泛函理论计算结果表明，单层 RuO$_2$ 表现出比金红石型 RuO$_2$ 更高的催化活性，如图 2-8（d）（e）所示，并且在放电过程中，单层 RuO$_2$ 与 Li$_2$O$_2$ 的（001）晶面有着相似的晶格结构，因此单层 RuO$_2$ 可诱导 Li$_2$O$_2$ 的形成，从而暴露出具有导电性的（001）晶面。在充电过程中，单层 RuO$_2$ 可将 Li$_2$O$_2$ 自发地吸引到单层 RuO$_2$ 表面，从而形成固 - 固反应界面。因此，单分子层 RuO$_2$ 是一种具有发展前途的锂 - 氧电池催化材料。Kang 等人报道了碳纳米管（CNT）负载钌纳米颗粒的 ORR/OER 双功能正极催化剂应用在钠 - 氧电池中，可稳定循环 100 圈[43]。并通过 XRD、XPS、SEM 等表征探究了其放电产物，主要成分为 Na$_{2-x}$O$_2$，其形成可归因于吸附氧与 Ru 之间较强的相互作用，促进氧的进一步还原。

虽然贵金属催化剂的研究取得了很大进展，但其成本较高，不利于锂 / 钠 - 空气电池的大规模应用，因此越来越多的研究转向了非贵金属催化剂。

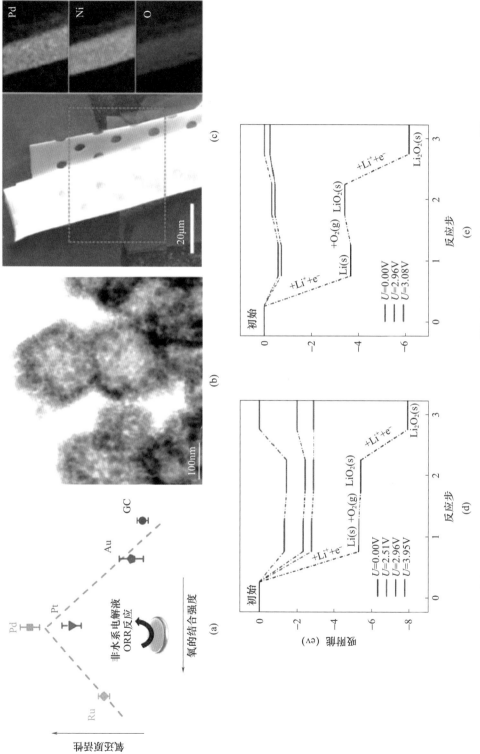

图2-8　(a) GC、Pd、Pt、Ru、Au的ORR性能火山图[38]；(b) Pd@PdO-Co₃O₄的TEM图[40]；
(c) Pd/NiO的mapping图[41]，初始放电过程表面能量；(d) 单层RuO₂表面；(e) 金红石型RuO₂{001}表面

2.5.2　金属氧化物催化剂

由于成本低廉、结构多样性、多价态和较高的电催化活性，金属氧化物被认为是贵金属的替代材料之一。对此，关于各种金属氧化物、金属硫化物、金属氮化物的报道不断涌现。根据已发表的结果，一些金属氧化物和尖晶石氧化物，包括 MnO_2、Co_3O_4、NiO、Fe_2O_3、TiO_2、$MnCo_2O_4$ 等，因其低成本和较高的催化活性而被广泛应用于锂 – 空气电池。迄今为止，金属氧化物的催化作用已得到广泛认可。大量的金属氧化物被用作 ORR、OER 和 HER 催化剂。就组成而言，目前常见的氧化物催化剂包括 Co-、Ni-、Mn- 和 Fe- 基催化剂。在 OER 活性方面，氧化物材料比碳材料具有普遍的优势。早在 2007 年，Bruce 课题组就发现 Co_3O_4 材料具有良好的催化性能。当用作锂 – 空气电池催化剂时，其比容量可达 $2000mAh \cdot kg^{-1}$，每循环只损失 6.5% 的容量保留率。相比之下 Co_3O_4 的催化效果优于 Fe_3O_4、CuO 和 $CoFe_2O_4$[44]。除了元素差异外，氧化物材料的晶体类型和结构也影响锂 – 空气电池的电化学性能。通过进一步的研究，Bruce 课题组报道了 α-MnO_2 纳米线的催化性能优于在金属氧化物材料中的其他晶体类型（β-MnO_2、γ-MnO_2 和块体 α-MnO_2），结构如图 2-9（a）所示，其表面原子排列和价态分布决定了其不同的原子和电子结构[45]。2017 年，Wang 等人提出了一种协同策略，通过调节氧空位和内外部 Co^{3+}/Co^{2+} 的比率来协同提高锂 – 空气电池 Co_3O_4 纳米片催化剂的电催化活性，其形貌如图 2-9（b）（c）所示[46]。该催化剂的离子电导率和电子电导率均高于商用 Co_3O_4。Co_3O_4 纳米片在锂 – 空气电池中表现出更高的氧还原和析氧性能。与普通块状 Co_3O_4 相比，Co_3O_4 纳米片催化剂的锂 – 空气电池有更高比容量（$24051.2mAh \cdot g^{-1}$），更好的倍率性能（$8683.3mAh \cdot g^{-1}$@$400mA \cdot g^{-1}$）和循环稳定性（$150cycles$@$400mA \cdot g^{-1}$），以及更低的极化电位。高比表面积的 2D 片层结构、内外层 Co^{3+}/Co^{2+} 的不同比例分布、氧空位的存在等多方因素协同提高了催化剂的电化学性能。形成 LiOH 的过程是 $4e^-$ 转移，很少有副反应。这项工作证明了氧化物催化剂在复杂气体态（非纯 O_2）锂 – 空气电池中具有很大的应用价值。

Kang 及其团队探究了在混合钠 – 空气电池系统中使用双相尖晶石 $MnCo_2O_4$ 复合氮掺杂石墨烯材料（dp-$MnCo_2O_4$/N-rGO）的 ORR、OER 电催化活性，电极表现出优异的 ORR、OER 催化性能，优于商业 Pt/C[47]。制备的双相钴锰尖晶石纳米粒子、引入的掺杂剂（氮原子）以及氧化物纳米粒子和纳米碳主链之间的电化学耦合有助于提升 dp-$MnCo_2O_4$/N-rGO 的催化性能。与商用 Pt/C 相比（放电电压 2.73V，充电电压 3.35V），该催化剂表现出较高的放电电压（2.75V）以及较低的充电电压（3.14V），过电位为 0.39V，并提高了往返能量效率。由于 dp-$MnCo_2O_4$ 的粒径大小适中，活性氮掺杂石墨烯材料的表面积大，该电池表现出优异的放电稳定性，在 25 个循环内容量无明显衰减。因此，dp-$MnCo_2O_4$/N-rGO 是一种极具发展前景的双功能催化剂，可提高混合钠 – 空气电池的电化学性能。目前金属氧化物材料的改性设计主要集中在晶体平面控制、材料复合、元素掺杂和缺陷工程等方面。钙钛矿型金属氧化物也得到了研究和探索，还衍生出了金属硫化物、碳化物（TiC）、氮化物等。

综上所述，金属氧化物催化剂具有循环稳定性好、成本低、晶体结构可控等优点，仍然是锂／钠－空气电池固相催化剂的良好选择，在锂／钠－空气电池研究中具有极大的发展潜力。

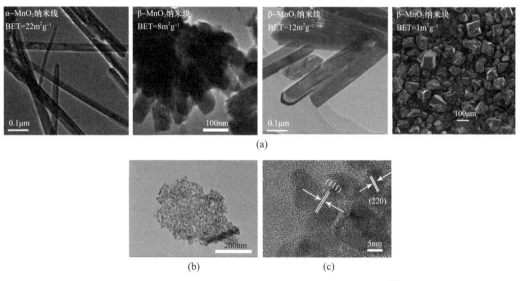

图2-9　（a）α-、β-MnO$_2$纳米线、块体的TEM图[45]；
（b）Co$_3$O$_4$纳米片的TEM图；（c）Co$_3$O$_4$纳米片的HRTEM图[46]

2.5.3　碳基材料催化剂

碳是电池中最常见的材料之一。碳成本低、绿色、无污染、孔隙率高、导电性好。碳材料常作为锂离子电池和锂－空气电池的导电添加剂，来提高电极材料的导电性。目前常见的碳材料包括乙炔黑、炭黑、碳纳米管、碳纤维、石墨烯和三维气凝胶。自首次提出利用钴-酞菁催化的多孔碳阴极制备锂－氧电池以来，基于碳基质的阴极材料得到了广泛的研究。碳材料用于空气电池阴极催化剂的优点有：（1）导电性高，促进电池内部电荷转移，提高率性能。（2）比表面积大，孔隙率高，吸附性能好。（3）存在碳缺陷，可为氧还原反应提供反应位点。碳材料最典型的特征是孔隙结构。碳材料的孔隙越小，孔隙率越高，比表面积越大。高比表面积有助于吸附电解质和氧气，促进放电反应。Lim等人报道了一种高度对齐的自编织碳纳米管（CNT）基阴极，如图2-10（a）所示，可有效生成／分解Li$_2$O$_2$[48]。可控的多孔结构和形貌有效抑制了Li$_2$O$_2$的聚集，增强了ORR过程。因此，在4000mA·g^{-1}和5000mA·g^{-1}的高电流密度下，电池的输出容量分别约为2100mAh·g^{-1}和1700mAh·g^{-1}，循环超过20圈。

锂－氧电池的充电行为很大程度上取决于产生的放电产物的结构和形貌。因此，定制Li$_2$O$_2$的生长和形态对于获得具有低过电位和高往返效率的高性能电池至关重要。表面工程包括表面修饰、孔径控制和多级结构构建，通过调节孔结构，获得足够的暴露活性位点，以获得高催化性能，明确的框架，以方便电子和质量传输，以及分级孔，以存储 Li_2O_2。例如，Mitchell 等人使用化学气相沉积（CVD）在多孔基板上生长碳纳米纤维（CNFs），以实现不使用黏合剂的自支撑 CNFs 组装的锂 – 空气电池的比容量为 7200mAh·g^{-1}，并在活性炭孔位置发现了两种不同的放电产物 Li_2O_2 和 LiO_2，且这两种产物具有不同的充电电位[49]。此外，表面工程可以有效调节多孔阴极的反应能势垒、电子电导率和反应表面积，这些对 Li_2O_2 的生长和形貌演化极为重要。因此，表面工程通过调节多孔结构性能，在锂 – 氧电池的电催化剂和空气电极中得到了广泛的应用。Liu 等人还研究了石墨烯纳米片（GNS）用作钠 – 空气电池空气电极时的催化性能[50]，该钠 – 空气电池的放电产物为 Na_2O_2，在 200mA·g^{-1} 的电流密度下，展现出 9268mAh·g^{-1} 的高放电容量以及低过电位，表明 GNS 具有优异的电催化性能，是极具潜力的钠 – 空气电池正极催化剂材料。

然而，由于 OER 催化活性较低，传统的碳材料在高荷电时通常存在腐蚀/氧化问题。针对这一问题，采用具有高 OER 催化活性的非碳材料对碳进行表面改性是一种有效的策略。例如，Jian 等人报道了一种用于锂 – 氧电池的核壳结构的 $CNT@RuO_2$ 复合催化剂，它是由碳纳米管周围 RuO_2 的均匀涂层和分布获得的，如图 2-10（b）所示[51]。采用 $CNT@RuO_2$ 作为阴极的锂 – 氧电池在 100mA·g^{-1} 的电流密度下获得较高的往返效率（79%），且经过 20 次循环后容量基本保持不变（500mAh·g^{-1}），具有优异的双功能 ORR 和 OER 催化活性。

此外，负载过渡金属单原子的碳材料近年来受到广泛研究。Song 等人通过聚合物封装策略构建了钴单原子催化阴极，如图 2-10（c）所示。该电池表现出较高的往返效率（86.2%）和长期稳定性（高达 218 天）[52]。单原子催化剂的使用能有效调节活性位点的分布，形成微米级花状 Li_2O_2。在充电过程中，单钴原子催化阴极对 LiO_2 的表面结合强度较弱，进一步将电化学路径由双电子反应转变为单电子反应，导致充电电位降低，Li_2O_2 分解增强。Sun 等人通过原位环境透射电子显微镜观测了单原子 Co/石墨烯（SA-Co/rGO）作为空气阴极在钠 – 氧电池中的微观演化过程[53]。在放电过程中，SA-Co/rGO 表面形成了球状 Na_2O_2 产物，在充电过程中易分解。相比之下，在没有 SAC 的纯 rGO 电极表面，Na_2O_2 的形成和分解非常缓慢。此外，循环测试表明，SA-Co/rGO 阴极的钠 – 氧电池具有良好的循环可逆性及长循环寿命（可稳定循环超过 180 小时），且相比于 rGO 阴极，电池极化更小。DFT 理论计算表明，局域配位环境（Co+4N）在调节孤立 Co 活性位点的电荷密度和氧化态方面发挥着关键作用，从而激活 O_2 分子并促进氧 ORR/OER 过程，表明 SA-Co/rGO 可提升钠 – 氧电池电化学性能，极具发展前景。

碳材料虽然有明显的优势，但在稳定性方面存在一些问题，不能大规模应用。例如，碳阴极与放电中间体之间的寄生反应使碳酸锂等副产物在阴极上积累，导致阴极钝化，充电后过电位进一步升高。在锂 – 空气电池的循环稳定性实际测试中，只要电池充电电压高于 3.5V，碳和电解质都会有不同程度的分解。碳材料本身的 OER 性能并不好，单一的碳材料很难将充电电位控制在 3.5V 以内。因此，其他材料的催化剂的研究也在不断发展。

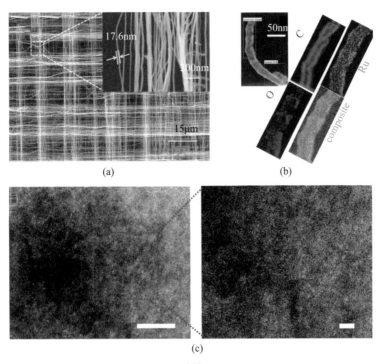

图2-10　（a）CNT空气电极的SEM图[48]；（b）CNT@RuO$_2$的HAADF-STEM以及mapping图[51]；（c）N-HP-Co SACs的HAADF-STEM image图（5nm，2nm）[52]

2.5.4　液相催化剂

液态金属（LMD）材料因其独特的特性而引起了特别关注，包括柔韧性、可变形性，高延展性和自修复性能等。在这些液态金属候选材料中，镓（Ga）以其约 29℃ 的低熔点脱颖而出，是一种具有代表性的材料，铟（In）和 / 或锡（Sn）通常被引入以调整镓的熔点，来适应不同应用的需要。基于此，Luo 等人提出了一种基于 Ga-Sn 液态金属（LM）修饰的多壁碳纳米管（MWNTs）的锂 – 空气电池阴极策略，如图 2–11（a）所示，以缓解阴极钝化。LM 的变形性和自修复特性使其在长期循环过程中保持形态[54]。此外，它还有助于通过改变形貌来减小 Li$_2$O$_2$ 的尺寸。在导电 LM 和多壁碳纳米管的移动表面观察到小的 Li$_2$O$_2$ 薄片生长，这促进 Li$_2$O$_2$ 的分解，随后导致速率性能和极限容量显著提高，并缓解了 Li 阳极的损耗，从而提高了锂 – 空气电池的循环稳定性。

尽管液态金属（LMD）材料有诸多优势，然而其较大的表面张力使其在大部分基板上以液滴的形式存在，使其难以在集流体上铺展。此外，其相对较低的锂 – 空气电池反应催化能力限制了它作为锂 – 空气电池的正极而被广泛应用。因此，Liu 等人进一步通过引入高比表面能和优异催化活性的金属钌（Ru）颗粒降低其表面张力，制备了一种 Ru 修饰的液态金属作为柔性锂 – 空气电池的正极催化剂（Ru/LM），其组成如图 2-11（b）所示，具有优异的机械性能和电化学性能[55]。Liu 等人总结了 Ru/LM 和液体 GaSn 在不同温度下的热导率，进一步说明了 Ru 组成后的表面特征。Ru/LM 复合材料的导热系数明显高于液体 GaSn，在 60℃ 的导热系数为 5W/m·K，说明 Ru 粒子的引入提高了 LM 的表面张力，增加了内部的热传导路径，创造了新的热传导路径来促进总热传导。Ru 的引入不仅提高了对氧的还原和演变的催化能力，而且降低了 LM 的表面张力，促进了其在集电基片上的扩散。Liu 等人进一步采用自制柔性 Ru/LM 电极作为阴极，在实验室中对不同气体条件下的电催化行为进行了评价。作为对比，也采用 Ru 阴极和纯碳布作为阴极，LM 因表面张力大而不能作为阴极。初始周期电压分布图显示 Ru/LM 阴极电池的充放电电压差约为 1.1V，而 Ru 阴极和纯碳布电池的充放电电压差较大（分别为 1.25V 和 1.37V）。且全放电剖面在电流密度为 0.1mA·cm^{-2} 的情况下，放电容量为 3.64mAh·cm^{-2}，远远高于 Ru 阴极（2.73mAh·cm^{-2}）和纯碳布（2.16mAh·cm^{-2}）。Ru/LM 阴极具有较低的放电 – 电荷间隙和较大的全放电容量。这意味着 Ru/LM 复合阴极的引入可以明显促进实验室中的氧还原 / 还原反应。

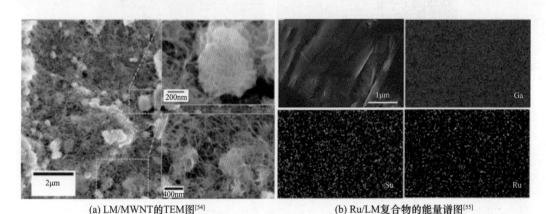

(a) LM/MWNT的TEM图[54]　　　　　　　(b) Ru/LM复合物的能量谱图[55]

图2-11　LM/MWNT的TEM图和Ru/LM复合物的能量谱图

2.5.5　其他类型催化剂

金属有机框架（MOFs）的主要吸引力在于其晶体多孔结构、可调金属阳离子、有机连接剂及其配位结构。这些特点是它们在各种能源和环境相关应用中的共同优点。原始 MOFs 具有晶体多孔结构和有序排列的金属活性位点，是单克隆抗体的理想候选材料。然而，原始 MOFs 通常存在低导电性和结构不稳定性。在电化学测试中，通常通过将 MOFs 与导电碳（如 Super-）混合来缓解这个问题。例如，2018 年，Wu 等人将 N 掺杂碳纳米管与衍生自 ZIF-67 的 MOF 材料复合（MOF-NCNT），并将其作为混合钠 – 空气电池催化剂[56]。由 MOF 衍生的空心多孔笼结构可以促进 O$_2$ 吸附和质子传输，从而使得钠 – 空气电池具有优异的稳定性。由 MOF-NCNT 作为空气正极的钠 – 空气电池具有较低的过电位，在电流密度为 100mA·g⁻¹ 时，过电势为 0.3V。

而双金属有机框架衍生的 MOFs 材料具有多孔结构以及良好的气体吸附能力，具有优异的 ORR 催化性能。早在 2014 年，Yin 等人就合成了 α-MnO₂/MIL-101（Cr）复合材料作为 ORR 和 OER 的双功能电催化剂[57]。MIL-101（Cr）的选择主要基于其较大的比表面积（1767m²·g⁻¹）和孔体积（0.91cm³·g⁻¹），以提高催化活性位点的可及性。然而，他们并未在金属－空气电池组件中对该材料的电池性能进行任何测试。同年，Wu 等人进行了一系列的测试，被认为是将 MOFs 应用于锂－氧电池的先驱。他们选择 MOF-5、HKUST-1 和 MOF-74 作为研究对象，测试其作为锂－氧电池正极材料的性能[58]。上述 MOFs 的选择主要是基于其晶体多孔结构和金属活性位点的考虑，以改善扩散和与 O₂ 的相互作用。与低周期性材料相比，MOFs 的晶体结构也导致了更可重复的电化学性能。测试结果表明，在电流密度为 50mA·g⁻¹ 时，MOF-5、HKUST-1、Mg-MOF-74、Co-MOF-74 和 Mn-MOF-74 的放电容量分别为 1780mAh·g⁻¹、4170mAh·g⁻¹、4560mAh·g⁻¹、3630mAh·g⁻¹ 和 9420mAh·g⁻¹，如图 2-12（a）所示。而 Kim 等在 2018 年合成了双金属 MnCo-MOF-74 材料用于锂－氧电池，双金属 MOFs 在放电产物 Li₂O₂/LiOH 的形成和分解过程中遵循一种互补的催化机制[59]。更值得注意的是，在微量水的存在下，Mn 位点可以有效催化 Li₂O₂ 向 LiOH 的转化，而 Co 位点则可以催化 LiOH 的分解。这种 Mn 和 Co 位点的互补作用进一步促进了催化反应的进行，使得其容量为 11150mAh·g⁻¹，比单一金属 Mn-MOF-74（6040mAh·g⁻¹）、Co-MOF-74（5630mAh·g⁻¹）和两者的物理混合物（7767mAh·g⁻¹）的性能更加优异。

当 MOFs 在惰性气氛（如 Ar 和 N₂）下进行高温热处理时，由于配位键的断裂和有机连接剂的碳化，通常会形成金属掺杂碳。由于原始 MOFs 的低导电性是锂－氧电池的一个不利因素，从 MOFs 转化为 MOFs 衍生碳是提高催化剂导电性的有效方法，同时部分保留多孔性能的优点。Li 等人在 2013 年年底报道了一个代表性的例子，这是最早的关于 MOF 衍生锂－氧电池催化剂的工作之一[60]。他们设计的 Co-MOF [金属源：硫氰酸钴；配体：4'-（4- 吡啶基）-4,2',6',4"- 三联吡啶] 作为模板，与乙酸铁和双氰胺（DCDA）进一步处理，得到掺杂铁和氮的石墨烯 / 石墨烯管复合催化剂（N-Fe-MOF），其结构如图 2-12（b）所示。作者提出 Fe₃C 的形成促进了石墨烯管的生长，而吡啶和季氮的掺杂导致了相邻碳原子的活化和与铁（Fe-Nₓ）的配位，产生了更多的活性位点，有利于 O₂ 的吸附和 O—O 键的解离。此外，Fe/N/C 复合材料的形成有利于 Li₂O₂ 的分解，从而提高了催化剂的 OER 性能。在上述有利因素的贡献下，其 MOF 衍生催化剂的放电比容量为 5300mAh·g⁻¹，在 50 个循环后，容量损失 27%。在 Li 等人的工作之后，各种 MOF 衍生的金属和 N 掺杂的碳催化剂被报道作为锂－空气电池的正极材料。例如，Wang 及其团队成员通过简单的热活化含有 MIL-100（Fe）和 ZIF-8 的双 MOFs 制备了含有少量纳米管的 Fe-Fe₃C@Fe-N-C 纳米片，如图 2-12（c）所示[61]。与商用 Pt/C

相比，该催化剂具有微孔和大孔，并具有一定的石墨化作用，有利于电荷转移，因此在锂－空气电池中具有优越的 ORR 电催化性能。2019 年，Lyu 等人通过 3d 打印钴基金属有机框架（Co-MOF）获得了独立的、明确的多孔碳骨架结构独立阴极，其具有良好的导电性和丰富的可调谐孔隙，如图 2-12（d）~（g）所示，用于快速电子传递和 Li^+/O_2 扩散，被证明可以促进更好的 ORR 和 OER 行为[62]。因此，由于独特定义的多孔结构，获得了 798Wh·g^{-1} 的更高的实际比能。

MXenes 最近以其独特的性质，如高亲水性、大层间间距和高机械稳定性，成为强有力的候选材料。MXenes 具有高导电性和催化活性，在储能方面具有巨大的应用潜力。在过去的几年里，已经合成了 30 多种不同化学成分的 MXenes，用于各种应用。然而，碳化钛 MXene（$Ti_3C_2T_x$）仍然是研究最多的 MXene。几种 MXenes 基复合材料，如 NiO/Ti_3C_2、$CoO/Ti_3C_2T_x$ 和 $TiO_2/Ti_3C_2T_x$，此前已被应用于锂－氧电池中，并具有优异的活性。例如，作为锂－空气电池阴极催化剂，NiO/Ti_3C_2 纳米材料具有 13350mAh·g^{-1} 的超大初始容量，并在电流密度分别为 100 和 500mAh·g^{-1} 的情况下稳定循环 90 圈[63]。结果表明，MXene 优异的导电性和 NiO 较高的催化活性协同提高了 NiO/Ti_3C_2 纳米材料的催化活性。Tang 等人通过理论计算模拟构建了 16 种不同的过渡金属二硫化物（TMD）与 MXene 的异质结构（裸露和 O 端连接的情况），并探讨了它们在钠离子电池（SIB）和钠－氧电池应用中的前景[64]。经证明，在这些结构中，只有带有 O 端的 MXene 与 VS_2 构建的异质结构可以负载五层 Na^+ 离子，而其他结构当 Na^+ 离子在层间或第二吸附层嵌入或扩散时会发生变形。VS_2/Ti_2CO_2 质结构的 η_{ORR}/η_{OER} 的超低过电势 0.55V/0.20V 意味着其在钠－氧电池的应用中具有巨大的潜力。

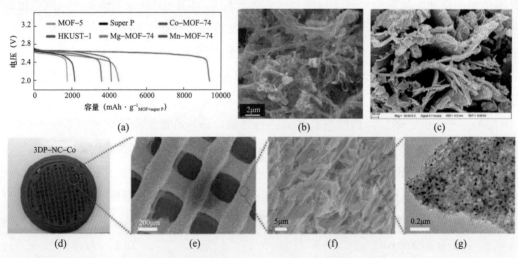

图2-12　（a）不同材料的Li-O_2的放电曲线（电流密度：50mA·g^{-1}）[58]；
（b）N-Fe-MOF的SEM图[60]；（c）Fe-Fe_3C@Fe-N-C的SEM图[61]；
（d）~（g）3DP-NC-Co的结构图[62]

总的来说，由于储量丰富、价格低廉的锂、钠资源及其超高的理论能量密度，锂、钠 – 空气电池的研究引起了广泛关注，相关研究工作发展迅速。相对于锂 – 空气电池来说，钠 – 空气电池的开发时间相对较晚，关于钠 – 空气电池的机理认识还存在较大争议。针对于基于 NaO_2 为放电产物的钠 – 空气电池，具有低过电势和高能量效率等优势，但是超氧化合物稳定存在的条件还有待进一步研究，且在此条件下电解液的稳定兼容性仍需确定，非碳材料的空气电极体系研究仍然为空白。基于 Na_2O_2 为放电产物的钠 – 空气电池与锂 – 空气电池有相似的电化学特征，高极化电压和循环寿命仍然是其主要问题，开发高效的催化剂是目前较好的解决办法。尽管目前对锂 / 钠 – 空气电池的研究尚不完善，但丰富的锂 / 钠资源使其具有相比于其他金属 – 空气电池更加明显的优势，具有潜在的应用前景。但由于其特殊的电化学过程和复杂的气 - 液 - 固三相体系，该电池体系涉及诸多方面的问题，因而对这些规律的深入探索仍面临巨大挑战。

2.6　小结与展望

金属 – 空气电池因其超高的能量密度，在下一代储能器件的研究中占有重要地位，特别是可充电锌 – 空气电池、一次锌 – 空气电池和铝 – 空气电池，在过去几年得到了广泛的关注。然而，可充电金属 – 空气电池的实际应用仍面临 ORR/OER 过电位、金属电极可逆性、电极和电解质稳定性等挑战。本章以电池反应原理为依据，对金属 – 空气电池进行分类，并概述了金属 – 空气电池的空气电极 ORR、OER 催化材料设计目标和设计策略。尽管讨论了这些材料的积极进展，但金属 – 空气电池阴极材料仍有足够的发展空间。

（1）先进的低成本空气电极，包括催化剂的制备、气体扩散层和空气电极的设计，还需要进一步发展。

（2）氧还原反应机理仍不清楚，尤其是锂 / 钠 – 空气电池的电化学反应复杂，中间过程多，相比其他金属 – 空气电池发展缓慢。因此理解金属 – 空气电池多相界面反应原理，对全面理解其电化学反应，以及正极材料的设计与选择极为关键。

（3）耐久性与气体扩散层相匹配，特别是长时间运行的可充电电池，包括充电和机械更换，在电解液下至少可存储 5 年，在干燥下至少可存储 10 年，至少可工作数百小时而不明显退化。此外，应建立实验室试验与应用条件之间可靠的活性性能关系，以指导基于实验室数据的工程。开发多功能一体化的正极材料，稀薄的气体扩散层不仅要有足够的功能来防止泄漏、扩散氧气和阻挡碱性电解质的 CO_2，而且要有优异的抗氧化性能，用于双功能氧电极。

（4）目前，小尺寸空气电极可以在实验室中制备出优异的性能，但如何通过低成本的方法在大规模连续生产中保持性能并应用仍是一个棘手的工程挑战。除了性能和制造需求外，催化剂和电极极化过程还需要更深入的了解，如催化剂活性位点 / 面积在电子和原子水平下的 ORR 和 OER 过程，三层结构的三种极化的极化百分比，以及更细致和接近真实的氧传递模型。

　　因此未来金属 – 空气电池双功能正极催化剂的研究主要集中在：（1）理论计算与实验相结合，深入研究催化剂上氧还原反应机理，明确各种催化剂活性位；（2）研究催化剂组成、形貌、比表面积等对催化活性的影响，通过改善催化剂制备方法，优化制备条件，提高催化活性和稳定性；（3）通过氧还原反应机理设计开发新型高催化性能和稳定性的氧还原催化剂，为金属 – 空气电池的商业化发展提供有力保障。

参考文献

[1]　LI Y, LU J. Metal-air batteries: will they be the future electrochemical energy storage device of choice? [J]. ACS Energy Letters, 2017, 2(6): 1370-1377.

[2]　LIU Q, PAN Z, WANG E, et al. Aqueous metal-air batteries: Fundamentals and applications [J]. Energy Storage Materials, 2020, 27: 478-505.

[3]　温术来, 李向红, 孙亮, 等. 金属空气电池技术的研究进展 [J]. 电源技术, 2019, 43(12): 2048-2052.

[4]　WANG J, KONG H, ZHANG J, et al. Carbon-based electrocatalysts for sustainable energy applications [J]. Progress in Materials Science, 2021, 116: 100717.

[5]　NøRSKOV J K, ROSSMEISL J, LOGADOTTIR A, et al. Origin of the overpotential for oxygen reduction at a fuel-cell cathode [J]. The Journal of Physical Chemistry B, 2004, 108(46): 17886-17892.

[6]　GREELEY J, STEPHENS I, BONDARENKO A, et al. Alloys of platinum and early transition metals as oxygen reduction electrocatalysts [J]. Nature chemistry, 2009, 1(7): 552-556.

[7]　ZHANG L, ROLING L T, WANG X, et al. Platinum-based nanocages with subnanometer-thick walls and well-defined, controllable facets [J]. Science, 2015, 349(6246): 412-416.

[8]　FIGUEREDO R H, MCKERRACHER R, INSAUSTI M, et al. A rechargeable, aqueous iron air battery with nanostructured electrodes capable of high energy density operation [J]. Journal of The Electrochemical Society, 2017, 164(6): A1148.

[9]　CHEN C, KANG Y, HUO Z, et al. Highly crystalline multimetallic nanoframes with three-dimensional electrocatalytic surfaces [J]. Science, 2014, 343(6177): 1339-1343.

[10]　ZHAO C, JIN Y, DU W, et al. Multi-walled carbon nanotubes supported binary PdSn nanocatalyst as effective catalytic cathode for Mg-air battery [J]. Journal of Electroanalytical Chemistry, 2018, 826:

217-224.

[11] YUAN L, JIANG L, ZHANG T, et al. Electrochemically synthesized freestanding 3D nanoporous silver electrode with high electrocatalytic activity [J]. Catalysis Science & Technology, 2016, 6(19): 7163-7171.

[12] LUO Z, YIN L, XIANG L, et al. AuPt Nanoparticles/Multi-Walled carbon nanotubes catalyst as high active and stable oxygen reduction catalyst for Al-Air batteries [J]. Applied Surface Science, 2021, 564: 150474.

[13] MAO L, ZHANG D, SOTOMURA T, et al. Mechanistic study of the reduction of oxygen in air electrode with manganese oxides as electrocatalysts [J]. Electrochimica Acta, 2003, 48(8): 1015-1021.

[14] MENG Y, SONG W, HUANG H, et al. Structure-property relationship of bifunctional MnO_2 nanostructures: highly efficient, ultra-stable electrochemical water oxidation and oxygen reduction reaction catalysts identified in alkaline media [J]. Journal of the American Chemical Society, 2014, 136(32): 11452-11464.

[15] XU N, NIE Q, LUO L, et al. Controllable hortensia-like MnO_2 synergized with carbon nanotubes as an efficient electrocatalyst for long-term metal-air batteries [J]. ACS applied materials & interfaces, 2018, 11(1): 578-587.

[16] HAN X, HE G, HE Y, et al. Engineering catalytic active sites on cobalt oxide surface for enhanced oxygen electrocatalysis [J]. Advanced Energy Materials, 2018, 8(10): 1702222.

[17] LI C S, SUN Y, LAI W H, et al. Ultrafine Mn_3O_4 nanowires/three-dimensional graphene/single-walled carbon nanotube composites: superior electrocatalysts for oxygen reduction and enhanced Mg/air batteries [J]. Acs Applied Materials & Interfaces, 2016, 8(41): 27710-27719.

[18] WANG Z, ZHOU H, XUE J, et al. Ultrasonic-assisted hydrothermal synthesis of cobalt oxide/ nitrogen-doped graphene oxide hybrid as oxygen reduction reaction catalyst for Al-air battery [J]. Ultrasonics Sonochemistry, 2021, 72: 105457.

[19] CHENG F, SHEN J, PENG B, et al. Rapid room-temperature synthesis of nanocrystalline spinels as oxygen reduction and evolution electrocatalysts [J]. Nature chemistry, 2011, 3(1): 79-84.

[20] LIU Y, LI J, LI W, et al. Spinel $LiMn_2O_4$ nanoparticles dispersed on nitrogen-doped reduced graphene oxide nanosheets as an efficient electrocatalyst for aluminium-air battery [J]. international journal of hydrogen energy, 2015, 40(30): 9225-9234.

[21] KONINCK M, MARSAN B. $Mn_xCu_{1-x}Co_2O_4$ used as bifunctional electrocatalyst in alkaline medium [J]. Electrochimica Acta, 2008, 53(23): 7012-7021.

[22] CHEN C F, KING G, DICKERSON R M, et al. Oxygen-deficient $BaTiO_{3-x}$ perovskite as an efficient bifunctional oxygen electrocatalyst [J]. Nano Energy, 2015, 13: 423-432.

[23] ZHU Y, ZHOU W, YU J, et al. Enhancing electrocatalytic activity of perovskite oxides by tuning

cation deficiency for oxygen reduction and evolution reactions [J]. Chemistry of Materials, 2016, 28(6): 1691-1697.

[24] TAKEGUCHI T, YAMANAKA T, TAKAHASHI H, et al. Layered perovskite oxide: a reversible air electrode for oxygen evolution/reduction in rechargeable metal-air batteries [J]. Journal of the American Chemical Society, 2013, 135(30): 11125-11130.

[25] SHI X, LING X, LI L, et al. Nanosheets assembled into nickel sulfide nanospheres with enriched Ni^{3+} active sites for efficient water-splitting and zinc-air batteries [J]. Journal of Materials Chemistry A, 2019, 7(41): 23787-23793.

[26] ZHENG X, HAN X, CAO Y, et al. Identifying dense $NiSe_2$/$CoSe_2$ heterointerfaces coupled with surface high - valence bimetallic sites for synergistically enhanced oxygen electrocatalysis [J]. Advanced Materials, 2020, 32(26): 2000607.

[27] LI J, KANG L, LUO K, et al. Encapsulating Cu_2Se into 3D porous carbon as high-voltage electrode materials for aluminum-ion batteries [J]. Ceramics International, 2023, 49(2): 2613-2618.

[28] YANG H B, MIAO J, HUNG S F, et al. Identification of catalytic sites for oxygen reduction and oxygen evolution in N-doped graphene materials: Development of highly efficient metal-free bifunctional electrocatalyst [J]. Science Advances, 2016, 2(4): e1501122.

[29] ZHENG X, WU J, CAO X, et al. N-, P-, and S-doped graphene-like carbon catalysts derived from onium salts with enhanced oxygen chemisorption for Zn-air battery cathodes [J]. Applied Catalysis B: Environmental, 2019, 241: 442-451.

[30] HAN X, ZHANG W, MA X, et al. Identifying the activation of bimetallic sites in $NiCo_2S_4$@g - C_3N_4 - CNT hybrid electrocatalysts for synergistic oxygen reduction and evolution [J]. Advanced Materials, 2019, 31(18): 1808281.

[31] TANG C, WANG H F, CHEN X, et al. Topological defects in metal - free nanocarbon for oxygen electrocatalysis [J]. Advanced Materials, 2016, 28(32): 6845-6851.

[32] WANG Q, LEI Y, CHEN Z, et al. Fe/Fe_3C@C nanoparticles encapsulated in N-doped graphene-CNTs framework as an efficient bifunctional oxygen electrocatalyst for robust rechargeable Zn-air batteries [J]. Journal of Materials Chemistry A, 2018, 6(2): 516-526.

[33] GONG X, ZHU J, LI J, et al. Self - templated hierarchically porous carbon nanorods embedded with atomic Fe - N_4 active sites as efficient oxygen reduction electrocatalysts in Zn - air batteries [J]. Advanced Functional Materials, 2021, 31(8): 2008085.

[34] HAN X, LING X, WANG Y, et al. Generation of nanoparticle, atomic - cluster, and single - atom cobalt catalysts from zeolitic imidazole frameworks by spatial isolation and their use in zinc-air batteries [J]. Angewandte Chemie, 2019, 131(16): 5413-5418.

[35] CHENG C, LI S, XIA Y, et al. Atomic Fe-N_x Coupled Open - Mesoporous Carbon Nanofibers for

Efficient and Bioadaptable Oxygen Electrode in Mg-Air Batteries [J]. Advanced materials, 2018, 30(40): 1802669.

[36] HAN X, LING X, YU D, et al. Atomically dispersed binary Co - Ni sites in nitrogen - doped hollow carbon nanocubes for reversible oxygen reduction and evolution [J]. Advanced Materials, 2019, 31(49): 1905622.

[37] KWAK W J, ROSY, SHARON D, et al. Lithium-oxygen batteries and related systems: potential, status, and future [J]. Chemical Reviews, 2020, 120(14): 6626-6683.

[38] LU Y C, GASTEIGER H A, SHAOHORN Y. Catalytic activity trends of oxygen reduction reaction for nonaqueous Li-air batteries [J]. Journal of the American Chemical Society, 2011, 133(47): 19048-19051.

[39] ZHOU Y, GU Q, YIN K, et al. Engineering eg orbital occupancy of Pt with Au alloying enables reversible Li-O_2 batteries [J]. Angewandte Chemie International Edition, 2022, 61(26): e202201416.

[40] LI H C, ZHANG Y J, HU X, et al. Metal-organic framework templated Pd@ PdO-Co_3O_4 nanocubes as an efficient bifunctional oxygen electrocatalyst [J]. Advanced Energy Materials, 2018, 8(11): 1702734.

[41] LU X, YIN Y, ZHANG L, et al. Hierarchically porous Pd/NiO nanomembranes as cathode catalysts in Li-O_2 batteries [J]. Nano Energy, 2016, 30: 69-76.

[42] SHI L, XU A, ZHAO T. RuO_2 monolayer: a promising bifunctional catalytic material for nonaqueous lithium-oxygen batteries [J]. The Journal of Physical Chemistry C, 2016, 120(12): 6356-6362.

[43] KANG J H, KWAK W J, AURBACH D, et al. Sodium oxygen batteries: one step further with catalysis by ruthenium nanoparticles [J]. Journal of Materials Chemistry A, 2017, 5(39): 20678-20686.

[44] DEBART A, BAO J, ARMSTRONG G, et al. Effect of catalyst on the performance of rechargeable lithium/air batteries [J]. ECS Transactions, 2007, 3(27): 225.

[45] DEBART A, PATERSON A J, BAO J, et al. α - MnO_2 nanowires: a catalyst for the O_2 electrode in rechargeable lithium batteries [J]. Angewandte Chemie International Edition, 2008, 47(24): 4521-4524.

[46] WANG J, GAO R, ZHOU D, et al. Boosting the electrocatalytic activity of Co_3O_4 nanosheets for a Li-O_2 battery through modulating inner oxygen vacancy and exterior Co^{3+}/Co^{2+} ratio [J]. ACS Catalysis, 2017, 7(10): 6533-6541.

[47] KANG Y, ZOU D, ZHANG J, et al. Dual-phase spinel $MnCo_2O_4$ nanocrystals with nitrogen-doped reduced graphene oxide as potential catalyst for hybrid Na-air batteries [J]. Electrochimica Acta, 2017, 244: 222-229.

[48] LIM H D, PARK K Y, SONG H, et al. Enhanced power and rechargeability of a Li-O_2 battery based on a hierarchical - fibril CNT electrode [J]. Advanced Materials, 2013, 25(9): 1348-1352.

[49] MITCHELL III R R. Investigation of lithium-air battery discharge product formed on carbon nanotube

and nanofiber electrodes [J]. Ph D Thesis, 2013.

[50] LIU W, SUN Q, YANG Y, et al. An enhanced electrochemical performance of a sodium-air battery with graphene nanosheets as air electrode catalysts [J]. Chemical Communications, 2013, 49(19): 1951-1953.

[51] JIAN Z, LIU P, LI F, et al. Core-shell - structured $CNT@RuO_2$ composite as a high - performance cathode catalyst for rechargeable $Li-O_2$ batteries [J]. Angewandte Chemie International Edition, 2014, 53(2): 442-446.

[52] SONG L N, ZHANG W, WANG Y, et al. Tuning lithium-peroxide formation and decomposition routes with single-atom catalysts for lithium–oxygen batteries [J]. Nature communications, 2020, 11(1): 2191.

[53] SUN H, LIU Q, GAO Z, et al. In situ TEM visualization of single atom catalysis in solid-state $Na-O_2$ nanobatteries [J]. Journal of Materials Chemistry A, 2022, 10(11): 6096-6106.

[54] LUO Z, JI C, YIN L, et al. A Ga-Sn liquid metal-mediated structural cathode for $Li-O_2$ batteries [J]. Materials Today Energy, 2020, 18: 100559.

[55] ZHANG Q, LEI X, LV Y, et al. Liquid metal-based cathode for flexible ambient Li-air batteries and its regeneration by water [J]. Applied Surface Science, 2023, 607: 155074.

[56] WU Y, QIU X, LIANG F, et al. A metal-organic framework-derived bifunctional catalyst for hybrid sodium-air batteries [J]. Applied Catalysis B: Environmental, 2019, 241: 407-414.

[57] YIN F, LI G, WANG H. Hydrothermal synthesis of α -MnO_2/MIL-101 (Cr) composite and its bifunctional electrocatalytic activity for oxygen reduction/evolution reactions [J]. Catalysis Communications, 2014, 54: 17-21.

[58] WU D, GUO Z, YIN X, et al. Metal-organic frameworks as cathode materials for $Li-O_2$ batteries [J]. Advanced Materials, 2014, 26(20): 3258-3262.

[59] KIM S H, LEE Y J, KIM D H, et al. Bimetallic metal-organic frameworks as efficient cathode catalysts for $Li-O_2$ batteries [J]. ACS applied materials & interfaces, 2018, 10(1): 660-667.

[60] LI Q, XU P, GAO W, et al. Graphene/graphene - tube nanocomposites templated from cage - containing metal - organic frameworks for oxygen reduction in $Li-O_2$ batteries [J]. Advanced materials, 2014, 26(9): 1378-1386.

[61] WANG H, YIN F X, LIU N, et al. Engineering $Fe-Fe_3C@Fe-N-C$ active sites and hybrid structures from dual metal-organic frameworks for oxygen reduction reaction in H_2-O_2 fuel cell and $Li-O_2$ battery [J]. Advanced Functional Materials, 2019, 29(23): 1901531.

[62] LYU Z, LIM G J, GUO R, et al. 3D - printed MOF - derived hierarchically porous frameworks for practical high - energy density $Li-O_2$ batteries [J]. Advanced Functional Materials, 2019, 29(1): 1806658.

[63] LI X, WEN C, YUAN M, et al. Nickel oxide nanoparticles decorated highly conductive Ti_3C_2 MXene as cathode catalyst for rechargeable $Li-O_2$ battery [J]. Journal of Alloys and Compounds, 2020, 824: 153803.

[64] TANG C, MIN Y, CHEN C, et al. Potential applications of heterostructures of TMDs with MXenes in sodium-ion and $Na-O_2$ batteries [J]. Nano Letters, 2019, 19(8): 5577-5586.

3　金属－空气电池负极材料

3.1　研究背景

　　金属－空气电池一般采用活性较高的金属（钠、锂、镁、铝、锌和铁等）作为负极，这些金属的共同特点是化学性质活泼，在酸性或碱性甚至中性盐溶液中极易发生腐蚀，产生放电现象，大大降低金属－空气电池容量。同时负极金属枝晶的生长及其导致的低库仑效率、容量衰退、甚至是电池爆炸，也是目前阻碍金属－空气电池发展的重大阻碍。金属－空气电池是一个半开放工作环境，长时间暴露在空气中，空气中的水蒸气和二氧化碳也会对金属负极造成腐蚀。因此，通过合适的技术对金属负极进行改性和保护，降低空气和溶剂对金属负极的腐蚀及金属枝晶等对金属负极的恶化作用，对推动金属－空气电池的应用具有重要的现实意义。

3.2　锌－空气电池负极材料研究现状分析

　　金属锌（Zn）具有非常优良的性能，作为一种两性金属，其化学性质活泼，在表面产生的致密碱式碳酸锌膜又可以抑制锌的进一步氧化。以金属锌为负极，首先所得锌－空气电池的放电容量高[1]。在只计算锌电极的情况下，其比能量大约为 1353Wh·kg^{-1}，在将氧气纳入到计算范围后，其理论上的比能量大约为 1084Wh·kg^{-1}，应用在现实情况下的比能量为 350~500Wh·kg^{-1}。其次活性物质来源丰富。锌金属电极所需要的锌原料含量丰富，锌在地表中的丰度排行为 24 位，价格低廉，大大降低了锌－空气电池的制备成本。此外锌金属有着比较低的还原电位，这使得其不仅具有电化学反应活性，又可以和含水电解质相容，锌仅在强酸条件下腐蚀，在中性或者较高 pH 值的环境下可形成稳定但不钝化的氧化物保护层，可以在有氧气和相对比较潮湿的环境下工作，不仅安全且对环境友好。虽然人们对锌负极已经进行了一定量的研究，但锌负极仍存在着钝化、枝晶、析氢腐蚀等一系列问题，这些问题极大地限制了锌－空气电池的发展[2]。

　　对于采用碱性电解液的锌－空气电池来说，锌负极的钝化是造成锌的利用率降低的主要原因之一。钝化主要是指锌负极反应产生的氧化物附着在未反应的活性金属锌表面，阻止锌与反应物的继续接触，从而使金属锌的利用率下降，而且影响了锌的转化，使电池的可充电性下降，电池的性能降低 [3]。锌－空气电池还面临着另一个同样重要的挑战，即在充电过程中锌负极表面会出现不可避免的枝晶生长现象。所谓锌枝晶就是指负极在充电过程中产生的一种枝状的结晶。锌电极在充电时，主要受液相传质的影响，位于锌电极表面周围的活性成分浓度非常小，产生一定的浓差极化。电解液内的活性物质更可能扩散到电极表面的凸起处，以进行反应，从而导致出现电极上电流分布不均匀的现象。锌的沉积会加速在电极尖端上形成最终的树枝状晶体。树枝状的枝晶要么从锌片表面断裂，要么刺穿电解液，导致电池容量严重衰退，降低法拉第效率，内部电路短路失效等 [1-4]。在碱性溶液环境下，金属锌具有热力学不稳定的特点，而且，锌比氢的负还原电位高，因此会产生氢气，这就是析氢腐蚀。现实生产生活中，电池可能处在一个闲置的状态，电池的保质期同样是衡量电池的非常关键的要素之一。析氢腐蚀会对电池的保质期产生不利影响。共轭腐蚀的反应方程式如下：

$$Zn+4OH^- \longrightarrow Zn(OH)_4^{2-}+2e^- \tag{3-1}$$

$$2H_2O+2e^- \longrightarrow 2OH^-+H_2 \tag{3-2}$$

析氢腐蚀一方面因生成氢气，导致电池内压增大，发生内部鼓胀而使电池失效。另一方面，损失了电极中参加反应的锌，造成电池容量的减少。时间较长时，反应产物氢气会起到同钝化相似的阻滞效果，阻碍电极与电解液的充分接触。为了减缓析氢腐蚀的发生，人们通常会向电极或电解液中添加缓蚀剂，或者在金属电极上添加一些合金元素，从而降低负极腐蚀速率 [1]。

除上述问题外，锌－空气电池还面临着极化损失，催化剂效率低，电池密封等问题。由于极化损失，锌－空气电池在实际工作时，实际电压远达不到电池的理论电压（1.65V），实际效率也达不到理论值。再者，空气电极中的催化剂有待改进。空气电极主要是由防水透气层、活性催化层以及集流体组成。由于氧电极的电化学极化很大，若不用催化剂，电池的工作电压会很低，无法满足其使用要求。因此活性催化层是空气电极的核心组成部分，选择具有高活性的催化剂是获得高性能空气电极的前提。另外，电池密封也是锌－空气电池面临的问题之一。锌－空气电池产生能量需要有氧气的参与，若没有氧气，则电池就失去了产生电流的能力。空气的湿度、干燥度对于空气电池的正极影响是很大的，如果要实现它的广泛使用，就必须克服它对于环境的依赖。锌－空气电池在反应的过程中，电解液容易吸收空气中的二氧化碳，形成碳酸，导致电池的导电性能下降，内阻增加，进而也会影响正极的性能下降，不仅影响了电池的放电性能，还将影响电池的使用寿命 [5]。

锌－空气电池虽有许多优势，但上述问题却也不可忽视。为充分发挥锌－空气电池高比能量，长工作循环寿命及在水溶液的电解质中可逆性好等优点，持续稳定的锌负极起着决定性的作用，因此抑制锌负极钝化、表面产生枝晶以及析氢腐蚀等一系列问题，对锌负极进行改性和保护，对整体提升锌－空气电池的电化学性能具有十分重要的意义。目前改善锌负极的方法主要有对锌负极进行结构设计，界面层改性，加入添加剂以及合金化，电解液调控等。

3.2.1 电极结构设计

传统的电池电极是平面型的，二维结构易产生成核，在平面结构中会形成微小的锌凸起，以此为电荷中心，逐渐生长沉积。通过观察锌在三维集流体上沉积的方式发现，在三维骨架内锌沉积量可调节程度越高，在骨架表面形成枝晶的可能性越低。锌负极的结构设计对于减轻锌枝晶的形成和形状变化以及降低内阻起着重要的作用。原则上，增大锌负极的表面积可以降低锌沉积过电位，从而使锌枝晶形成的可能性和钝化的电位降到最低。另外，多孔结构和较大的比表面积有利于增强锌与电解液的界面接触，缩短离子的扩散路径，从而提高锌基材料的利用率。基于这一理论，开发了各种三维电极来缓冲金属负极的枝晶生长，在延长电池寿命方面取得了巨大成果。Rolison 课题组制备了一种 3D 锌海绵结构负极材料[6]，材料具有长程导电特性以及均一的电流分布，比表面积较大，能够使锌均匀沉积，避免锌枝晶刺穿隔膜，且在深度放电的情况下仍保持低内阻，实现高容量以及对锌枝晶的抑制作用。除此之外，该团队还制备了三维锌线负极，如图 3-1（a）所示，将其应用在锌－空气电池中[7]。该结构可有效控制金属锌均匀的沉积／剥离，抑制锌枝晶的生长，放电容量可达 728mAh·g^{-1}。

3.2.2 构建人工保护膜

使用界面层进行包覆处理是阻隔枝晶生长的一种简单而直接的方法，主要有两种界面层——无机界面层和有机界面层。制造无机界面层技术工艺简单，成本低，主要依赖各种黏合剂。Zhang 等人制备了 ZnO@TiN$_x$O$_y$ 核壳纳米结构的锌负极，如图 3-1（b）所示。小直径（< 500nm）的 ZnO 可以抑制负极钝化并可以充分利用活性材料，TiN$_x$O$_y$ 涂层可以减轻锌在碱性电解液中的溶解，维持纳米结构[8]。与普通块状锌箔和未涂覆的 ZnO 纳米负极相比，该负极具有更高的比放电容量，为 508mAh·g^{-1}，并具有出色的长循环电化学性能（超过 7500 次循环）。Wu 等人报道了一种离子筛分碳纳米壳包覆的 ZnO 纳米颗粒负极，如图 3-1（c）所示，该负极的纳米壳厚度调节可控，同时可解决锌钝化和析氢问题。ZnO 纳米颗粒可以防止钝化，而微孔碳壳可以减缓析氢问题[9]。Chen 等人制造了纳米级石榴结构的碳包覆锌负极（Zn-pome），如图 3-1（d）所示，以克服锌钝化和析氢问题[10]。经电感耦合等离子体测试（ICP）分析证实，与碱性水电解质中的常规 ZnO 负极相比，该电极可有效抑制锌的溶解，从而显著延长循环寿命。Yan 等人采用氧化石墨烯（GO）片包裹 100nm ZnO 颗粒的方法，制造出类似千层面的纳米锌负极，如图 3-1（e）所示[11]。ZnO 纳米颗粒可抑制锌钝化情况，而氧化石墨烯（GO）

的包裹限制了可溶性 $Zn(OH)_4^{2-}$ 的逸出。此负极的容量为 2308mAh·L^{-1}，150 次循环后，容量保持率仍可高达 86%。Mei 等人提出了通过热蒸发技术在锌基板上无溶剂原位合成 3D COF 薄膜的方法[12]。由四（4- 氨基苯基）甲烷（TAM）种 1，3，5- 三甲酰基间苯三酚（Tp）制备的 TAM-Tp 薄膜表现出优异的 OH$^-$ 传输能力，对锌枝晶起到显著的抑制作用，结构如图 3–1（f）（g）所示。使用 TAM-Tp 锌负极组装的准固态和水性锌 – 空气电池具有高功率密度（63.8mW·cm^{-2} 和 111.6mW·cm^{-2}）和长循环寿命（58h 和 600h）。

3.2.3 锌负极引入添加剂

在锌负极中加入如 Bi、Sn、Cu 化合物等添加剂，可抑制锌枝晶的形态，是改善锌负极性能的一种简便有效的方法。如 Lee 等人通过混合 Zn 与 CuO 粉末制备了新型氧化铜 - 锌复合材料（CuO-Zn）用于锌 – 空气电池，以防止锌枝晶生长和锌腐蚀。为了确认枝晶的抑制，进行了电沉积测试，并通过 FE-SEM 图像对锌阳极的表面进行分析，发现 CuO 比其他 Cu 化合物表现出更受控制的枝晶形态[13]。并对电极进行了如阴极过电位、塔菲尔极化、循环伏安法和直流循环测试（全电池测试）等多项电化学测试，结果表明 0.5%（质量分数）CuO 混合锌电极性能最佳，循环寿命达 19h，优于纯锌电极（13h），如图 3–1（h）（i）所示。

3.2.4 锌负极合金化

除此之外，金属合金负极也是一种常见的金属负极替代策略，可以更好地抑制枝晶生长，提升安全性。Lan 等人研究了 $Zn_{100-x}Al_x$ 合金（x 分别为 13.4、33 和 41 原子百分比）作为锌 – 空气电池新型阳极的应用[14]。$Zn_{67}Al_{33}$ 和 $Zn_{59}Al_{41}$ 均表现出最佳性能，开路电压为 1540~1560mV，容量为 750~800mAh·g^{-1}，远高于纯锌负极。该合金中的富铝相可以优先与 KOH 反应，形成自生的表面孔隙，用于电解质扩散通道，从而降低阳极钝化。此外，由于 Al 的密度低，添加 Al 导致电极重量更轻，比容量提高。Yong Nam Jo 等人在不同的研磨时间下制造了具有不同成分的锌 – 铋合金材料，用于锌 – 空气电池阳极。纯锌的放电容量保持率为 74.40%，而所有 Zn-Bi 合金材料的放电容量保持率均超过 90%，其中，含有 2%（质量分数）Bi（研磨 6h）的 $B_3H_6Bi_2$ 样品，如图 3–1（j）所示，表现出最高的腐蚀抑制效率（91.501%）和最低的腐蚀电流密度（0.326mA·cm^{-2}），放电容量保持率为 99.50%，极具应用前景[15]。

3.2.5 电解液调控

为抑制锌金属的析氢腐蚀，以及锌枝晶导致的电池短路、使用寿命缩短等问题，通过调控电解液或者向电解液中加入缓蚀剂是有效的解决方法。例如，Ghazvini 等人研究了不同含量的水对乙酸 - 乙基 -3- 甲基咪唑乙酸盐（[EMIm]OAc）和 1M Zn（OAc）$_2$/[EMIm]OAc 的电化学和光谱行为的影响[16]。结果表明，添加水可以降低电解液的黏度，提高电解液的电导。[EMIm]OAc 和 1M Zn（OAc）$_2$/[EMIm]OAc 均与水相互作用，且相互作用的程度随水量的变化而变化。此外，1M Zn（OAc）$_2$/[EMIm]OAc 的电化学行为随着添加不同浓度的水而改变，室温下电沉积锌需要至少 20%（体积分数）的水，有助于均匀调控负极 / 电解液界面的结构，将其应用在锌 – 空气电池中，循环效率可达 97%，循环圈数为 50 圈。聚乙二醇（PEG）具有亲水性好、耐酸耐碱、稳定性高而且结构简单等优点，适合用作锌缓蚀剂，Dobryszycki 等人研究发现，PEG400 能相当大程度地吸附在锌负极表面来阻止腐蚀[17]。

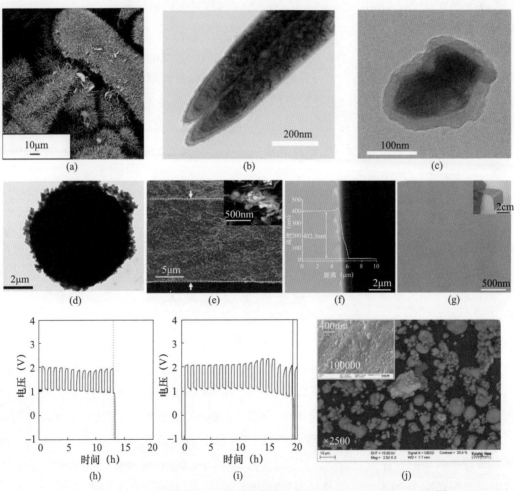

图3-1　（a）三维锌线负极的SEM图[7]；（b）ZnO@TiN$_x$O$_y$的TEM图[8]；
（c）ZnO@C纳米颗粒的TEM图像[9]；（d）Zn-pome的TEM图[10]；（e）ZnO千层电极[11]；
（f）（g）TAM-Tp薄膜的AFM图及SEM图[12]；（h）（i）纯锌电极、0.5%（质量分数）CuO-Zn
电极的循环示意图[13]；（j）B$_3$H$_6$Bi$_2$的SEM图[15]

3.3 镁－空气电池负极材料研究现状分析

在各种不同的金属－空气电池中，镁－空气电池由于其高理论电压（3.09V）、高理论比容量（2205mAh·g^{-1}）、高能量（3910Wh·kg^{-1}）、较低成本、较轻质量、对环境友好，以及镁元素在地壳和海水中含量丰富等优点而显示出极大的优越性。镁－空气电池的主要问题在于：第一，用传统纯镁片作为电极时存在低库仑效率、放电过程中的不可逆极化特征以及高的自放电速率等问题，且在高氯酸镁和14%（质量分数）的氯化钠混合溶液中会发生急剧的腐蚀现象，即伴随着 $Mg+2H_2O \longrightarrow Mg(OH)_2+H_2$ 反应的发生，镁特殊的负差效应也加剧了腐蚀的进程。第二，镁－空气电池的放电产物不活泼，会覆盖底部的镁负极，影响活性溶解。第三，影响镁腐蚀的另一个因素是电化学腐蚀。这是由于纯镁的制备过程中总是存在很多杂质，例如 Fe，Ni，Cu 等。这些元素与镁构成了原电池，能够加快氢气的产生。微小量的 Fe，Co，Ni 等都会对镁－空气电池的性能产生不利的影响。第四，负极自放电和电池的不可逆性产生的热量也是另一大问题，因此比较大型的镁－空气电池需要一个储液装置和一个空冷系统。寻找利用率高、高性能的负极材料，减少析氢腐蚀，解决活化与钝化的矛盾尤为关键。

目前，关于镁－空气电池负极的研究主要集中于以下几个方面：一是提高镁自身的性质，通过热处理等方式有效控制镁的晶粒尺寸和形貌来提高镁－空气电池的性能；二是使镁与其他金属形成新的合金有效抑制负极的析氢和自腐蚀；三是通过电解液的调控来稳定负极／电解液界面，减少负极的腐蚀以及抑制枝晶生长，具体的研究方法有如下几种分类。

3.3.1 微观结构调控

金属纳米／中尺度结构受到了强烈的关注，因为它们具有相应的宏观结构所不具备的新的物理和化学特性。Li 等人制备了多种镁纳米结构材料，将其应用于镁－空气电池，研究发现随着颗粒尺寸的减小，位于表面附近或表面上的原子总数的比例增加，从而使材料对电化学反应更具活性，并显著提高镁电极的利用效率[18]。此外，镁海胆状纳米结构阳极，如图 3-2（a）所示，表现出最佳的高速放电能力，归因于这些纳米结构的多孔和网状结构，有助于镁的低阳极极化／腐蚀和阳极产物 [Mg(OH)$_2$] 在电解液中的快速沉积。且镁海胆状纳米结构的高比表面积有助于降低放电过程中电极的实际电流密度，减少极化，有利于提高电池的能量密度和倍率性能。

微观结构是影响金属电化学性能的重要因素之一，大量研究表明微观结构对镁合金的电化学性能有很大影响。同时，镁合金在制备以及加工过程中，其孪晶、织构和晶粒尺寸等微观结构很容易被调控。孪晶对镁合金的耐腐蚀性能也有很大影响，相关研究成果也已被大量报道，但是关于孪晶对镁合金耐腐蚀性能的影响规律还没有被完全了解。目前关于孪晶对镁合金耐腐蚀性能的影响主要存在两种观点：一种观点认为，孪晶界处原子能量高，容易被腐蚀，因此孪晶会加快镁合金的自腐蚀速率；另一种观点认为，孪晶在腐蚀过程中扮演物理障碍的角色，从而减慢镁合金的自腐蚀速率。Zhou 等人研究了孪晶对 AZ31B-H24 镁合金在 3.5%（质量分数）NaCl 溶液中耐腐蚀性能的影响，发现晶间腐蚀是 AZ31B-H24 镁合金在 3.5%（质量分数）NaCl 溶液中的主要腐蚀方式，孪晶会加快晶间腐蚀，从而降低镁合金的耐腐蚀性能[19]。Zhang 等人通过失重测试和电化学测试研究了热挤压对 AZ91 镁合金腐蚀行为的影响，失重结果显示，挤压前合金的腐蚀速率仅为 $0.221g\ m^2 \cdot h^{-1}$，而在挤压后合金横截面和纵截面的腐蚀速率分别高达 $0.499g\ m^2 \cdot h^{-1}$ 和 $0.336g\ m^2 \cdot h^{-1}$，阻抗曲线和极化曲线测试也得到了相同的结果，原因是热挤压增加了镁合金中的位错、孪晶以及晶界密度，从而加快了其阳极溶解速率，其挤压前后的孪晶示意图如图 3-2（b）（c）所示[20]。

近年来，伴随着材料表征技术和电化学测量技术的发展，以及镁合金作为电池负极材料的大量应用，织构对镁合金电化学性能的影响逐渐引起科研学者的关注。Song 等人通过析氢测试和电化学测试等方法，研究了晶粒取向对轧制态 AZ31 镁合金在 5%（质量分数）NaCl 溶液中电化学活性和耐腐蚀性能的影响，并通过理论计算分析其原因[21]。合金的轧制面主要由原子间堆积较为密集的（0001）取向晶粒组成，而合金的横截面则主要由原子间堆积较为疏松的（10$\bar{1}$0）和（11$\bar{2}$0）取向晶粒组成。因此相对于横截面而言，轧制面具有较好的电化学稳定性以及耐腐蚀性能。（0001）、（10$\bar{1}$0）和（11$\bar{2}$0）晶面的表面能差异是引起合金轧制面和横截面耐腐蚀性能差异的主要原因。Song 等人还研究了组织演变对具有不同织构的 AZ31 镁合金在含氯溶液中耐腐蚀性能的影响，发现与CS 面相比，由基面织构所主导的 RS 面具有更好的耐腐蚀性能[22]。在空气中于 450℃下加热 10min 以及 5h 后，RS 面和 CS 面的耐腐蚀性能均降低。Al_8Mn_5 颗粒沿着（0001）晶面比沿着（10$\bar{1}$0）或者（11$\bar{2}$0）晶面具有更快的析出和长大速率，而 Al_8Mn_5 相会加速合金的腐蚀，因此在经过长时间加热后，CS 面比 RS 面具有更好的耐腐蚀性能。

3.3.2 镁负极合金化

金属合金负极是一种常见的金属负极替代策略，通常将纯镁与 Al、Zn、Ca、Mn 等元素掺杂，制备镁合金负极。铝是镁合金中最常用的合金元素之一。添加铝可显著提高镁合金的机械性能，并增强其耐腐蚀性。据报道，Mg-6Al 合金的腐蚀电流密度 j_{corr}=9.73μA $\cdot$ cm^{-2}，远低于纯镁的腐蚀电流密度（50~90μA $\cdot$ cm^{-2}），表明铝可以提高镁合金的耐腐蚀性[23-24]。Song 等人报告称，精细且连续分布的 $Mg_{17}Al_{12}$ 相可作为腐蚀屏障，而粗糙且不连续的相在 AZ91 合金中作为电偶阴极会加速腐蚀[25]。Rosalbino 等人研究了添加元素铒（Er）对 Mg-Al 合金在硼酸盐缓冲溶液中腐蚀性能的影响，并与 AM60 合金比较，发现 Mg-Al-Er 合金具有很好的耐腐蚀性能[26]。Mg-Al 合金结构如

图 3-2（d）所示。

另外，锌元素也是镁合金中常用的合金元素。Xiao 等人成功地开发了一种新型 $Mg_{64}Zn_{36}$（at.%）合金，$Mg_{64}Zn_{36}$ 合金的 AFM 图如图 3-2（e）所示。采用单相设计制备的 $Mg_{64}Zn_{36}$ 阳极具有 $1302 \pm 70mAh \cdot g^{-1}$ 的高放电比容量和 94.8% ± 4.9% 的超高效率。由于锌合金化抑制了阳极析氢，钝化了镁基体，从而获得了优异的效率，且 $Mg_{64}Zn_{36}$ 的组分均匀，放电产物均匀，也有助于提高阳极利用率[27]。Siva Shanmugam 等人制备了一种 Mg-Li 合金，Li 含量占 13%，用该合金组装的 $Mg-Li/MgCl_2/CuO$ 电池具有很高的开路电位，在 $8.6mA \cdot cm^{-2}$ 的电流密度下的阳极效率高达 81%[28]。

3.3.3 电解液调控

减缓镁负极自腐蚀的另一条途径是调控电解液，通过调节溶剂、盐以及电解液添加剂种类来调控电解液与金属负极之间的反应活性，稳定负极 / 电解液界面。其中选择合适的电解液添加剂对于稳定界面，降低镁合金的自腐蚀速率、减弱极化具有积极的作用。从反应机理上，电解液添加剂可以分为两大类：一类是抑制氢离子反应的可溶性无机盐，将它们添加到电解液中时，镁与溶液中的金属离子发生置换反应，这些金属离子被还原成金属依附在镁合金表面。由于这些金属不具有活跃的电化学性能，氢离子很难在其表面吸附还原，从而减慢镁合金的自腐蚀放电反应，提高阳极利用率；另一类添加剂是破坏镁表面腐蚀产物膜结构的活化剂，这些活化剂会加速腐蚀产物的脱落，活化镁电极。

杂质的再沉积和随后的阳极表面自腐蚀，从而提高电池性能。Oehr 等人发现对于 AZ31 镁合金负极，采用季铵盐和锡酸盐的复合抑制剂可使阳极效率达到 90% 以上，比未添加抑制剂时提高 13%，电池电压升高 5%[29]。程毅等人研究了 Li_2CrO_4、Na_2SnO_3、BTAH、phytic acid 以及 SDBS 等缓蚀剂作为电解液添加剂对镁合金在浓度为 1mol/L 的 $Mg（ClO_4）_2$ 溶液中电化学性能以及镁锰干电池性能的影响[30]。发现几种缓蚀剂都具有很好的缓蚀效果，其中 Li_2CrO_4 的缓蚀效果最好，缓蚀率达 99.84%。Khiabani 课题组将使用含氟化钙（CaF_2）的磷酸盐电解液，通过等离子体电解氧化（PEO）成功在 AZ91 镁合金上制备了改性氧化物层，在含有 CaF_2 的磷酸盐电解液以及纯磷酸盐电解液中处理的 AZ91 样品 SEM 图如图 3-2（f）（g）所示。通过在模拟体液动电位极化评估氧化 AZ91 镁合金的腐蚀行为表明，在电解液中添加 CaF_2 会导致表面孔隙率、氧化层厚度降低，导致腐蚀速率显著下降[31]。

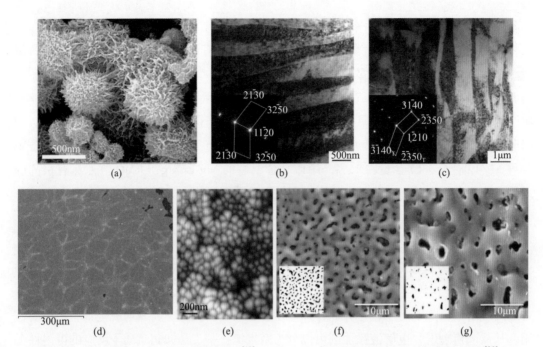

图3-2 （a）镁海胆状结构的SEM图[18]；（b）（c）挤压前、后的AZ91孪晶TEM图[20]；
（d）Mg₉₅Al₃Er₂合金的SEM图[26]；（e）Mg₆₄Zn₃₆的AFM图[27]；（f）在含有CaF₂的电解液；
（g）不含CaF₂的电解液中处理的AZ91样品SEM图[31]

3.4 铝－空气电池负极材料

铝－空气电池由于铝金属储量大、具有高比能量、绿色无污染、价格低廉等优点，具有广阔的应用前景。铝阳极是铝－空气电池的核心组件之一，在水系电解液中具有出色的电化学性能和工作电势。尽管铝－空气电池具有优秀的市场前景，但是铝负极存在的几个问题也是限制商业化应用的关键阻碍：一是铝在碱性电解液中腐蚀速率非常大；二是在电池反应中，铝负极表面会形成 Al_2O_3 或 $Al(OH)_3$ 的氧化物膜，抑制铝负极的电化学活性，使电极电位正移，导致电压滞后；三是在电池反应中，铝会与水发生严重的析氢副反应，降低了铝的实际利用率。作为电池用的铝阳极材料，必须满足以下要求：

（1）良好的电化学活性。由于铝在电解液溶液中易发生钝化，生成一层致密的氧化膜，导致其活性降低。

（2）低的自腐蚀析氢速率。铝在碱溶液中会产生较大的腐蚀速率，降低有效利用率，缩短电池寿命。因此，当其用于碱性铝电池时，阳极金属在保证具有较高活性的同时，必须具备较小的析氢自腐蚀速率。

（3）反应产物易脱落、沉淀。避免因反应物附着在阳极表面阻碍阳极电化学反应的正常发生，而降低其电化学性能。

针对上述问题，目前国内外提高铝阳极电化学性能的途径如下：通过改变负极主体结构来降低阳极腐蚀速率，提升电池性能，例如微观结构调控、材料复合等方法。金属合金化可以有效抑制枝晶的生成，提升电池安全性能，如：通过添加微量合金元素（如Ga、In、Sn 等）形成低温共熔体破坏钝化膜、降低钝化膜电阻，来活化阳极；添加 Zn、Pb 等超析氢过电位元素抑制铝合金的自腐蚀，提高阳极利用率。除此之外，还可以向电解质中添加缓蚀剂，抑制阳极或阴极反应，通过减小腐蚀过程中的腐蚀电流来降低阳极腐蚀。

3.4.1　微观结构调控

铝阳极的微观结构控制是提高电池性能的一个有效策略。通常情况下，晶粒大小和晶体取向也会影响自腐蚀。其中塑性变形是调整纯铝和铝合金的微观结构和性能的常用方法。塑性变形过程包括等道角压（ECAP）、轧制加工和高压扭转等，这些可以细化铝的晶粒尺寸。这种方式可以有效地降低腐蚀速率，因而微观结构的控制是提高铝阳极电化学性能的一个有效和简单的方法。Han 等人通过添加晶粒细化剂，可控地操纵了 108~537μm 不等的铝阳极的晶粒尺寸，不同晶粒尺寸的形貌如图 3-3（a）所示[32]。结果显示，随着铝晶粒尺寸的减小，相应的铝－空气电池的能量密度由于晶粒尺寸的细化而增加了 105%，放电曲线对比如图 3-3（b）所示。此外，还形成了更均匀的微观结构和电位分布。Liang 等人利用 ECAP 在室温下制备了不同晶粒尺寸的铝阳极，结果显示，晶粒尺寸的细化抑制了副反应，增强了电化学活性[33]。Takayama 等人研究了结晶学方向对盐酸中 5N 铝的腐蚀行为的影响。他们观察到，5N 铝的腐蚀行为与平行于表面的平面的结晶学方向密切相关。Liang 等人还研究了 Al（110）、（001）和（111）单晶在 NaOH 和 KOH 溶液中的电化学性能。结果表明，Al（001）面显示出最高的电化学活性和最低的腐蚀率，而 Al（110）面显示出最高的腐蚀率，这是由最大的表面能引起的[34]。

3.4.2　铝基复合材料

在铝基体中加入非金属化合物以形成铝复合材料可改善铝阳极的电化学性能。碳和陶瓷颗粒通常被应用于制造铝基体复合材料，这些在铝中的非金属化合物不仅影响电化学活性，还破坏了形成的钝化层的紧凑性。铝－碳纳米管和铝－石墨烯复合材料已被研究作为铝－空气电池的阳极。在铝中添加石墨烯可以转移电极电位，减轻极化，有助于提高功率密度[35]。Volkov 等人报道了铝－石墨烯复合材料作为铝－空气电池阳极，由于石墨烯的均匀分布，比纯铝电极展现出更大的工作电压和更低的阳极极化[36]。M. Pino 等人在商用铝阳极上涂覆了碳层，如图 3-3（c）所示，碳涂层有助于在中性电解液中尽量减少放电产物铝酸盐的附着。与没有涂层的商用铝阳极相比，碳涂层使活性铝阳极的寿命延长了三倍以上[37]。Xie 等人制备了碳纳米材料加固的铝基复合材料（Al-5.5Mg-1.5F-GNPs）作为可逆钝化的阳极，防止开路状态下的自我腐蚀[38]。复合材料的均匀微观结构由剧烈的塑性变形引起，形成钝化膜防止析氢腐蚀。另外，含镁氢氧化铝和氟化石墨烯纳米片之间的键合增强了纳米结构钝化层的稳定性，如图 3-3（d）（e）所示。氟化纳米增强体使放电过程诱发的可逆吸附和剥落实现了可逆的钝化机制。这种复合阳极在铝 – 空气电池中实现了间歇性放电过程中有效能量密度增加 424%，拥有可观的阳极能量利用率 37.5%，间歇性放电效率为 95.3% ± 3.1%。此外，其他一些铝基复合材料，如 Al-SiC、Al-Si$_3$N$_4$ 和 Al-Al$_2$O$_3$，也显示出提高铝 – 空气电池电化学性能的前景[39-40]。

3.4.3　铝负极合金化

由于合金元素可以减轻自腐蚀和转移铝 – 空气电池的电位，当合金元素满足以下条件时，可以获得高功率和能量密度：①更高的析氢过电位以抑制 HER 副反应；②比铝更负的平衡电位以触发高放电电压；③与铝基体有良好的冶金兼容性。一些有利的合金元素，如 Mg、Zn、Sn、Mn、Ga、In 等，已被成功利用来抑制自腐蚀。这些合金化策略通常是基于阻碍形成钝化层的原则，以进一步提高功率密度。

Wang 等用分子模拟方法探究了 Mg、Ga、Mn 和 Zn 元素合金化的效果。例如，Mg 原子通过减小合金的晶粒尺寸来增加电流密度。Ga 和 Zn 元素进一步使铝的 OCP 向负方向转移，Mn 元素则提高了铝的利用率[41]。Liu 等人制备了 Al-Mn-Sb 负极用于碱性铝 – 空气电池，详细研究了其能量效率和腐蚀行为[42]。Al-Mn-Sb 负极的 SEM 图如图 3-3（f）所示。Al-Mn-Sb 负极表现出高放电电压和峰值功率密度，在高放电电流密度（80mA·cm^{-2}）下放电极化程度小，且表现出较高的能量密度（3236mWh·g^{-1}）与阳极利用率（90.0%），其原因可归结于同时加入 Mn 和 Sb 产生的微纳米级沉淀物，有效地激活了晶界。

3.4.4　电解液调控

铝阳极在碱性电解液中存在自腐蚀以及表面钝化、析氢等问题，在电解质中添加抑制剂成为解决这些问题的最有效方法之一。缓蚀剂的主要缓蚀机理是利用缓蚀剂分子在铝表面的吸附作用，有效降低腐蚀反应。中性盐条件下研究最多的离子添加剂是 In^{3+}、Sn^{3+} 和 Zn^{2+} 离子。在碱性条件下，氧化锌（ZnO）和锡酸钠（Na$_2$SnO$_3$）是最广泛使用的化学抑制剂[43-44]。Wang 等人对纯铝在添加抑制剂与未添加抑制剂的 4M KOH 电解液中的腐蚀行为进行了研究[45]。结果表明，ZnO 和二甲胺环氧丙烷（DE）的添加极大地抑制了纯铝的腐蚀。EIS 和 EDAX 分析表明，ZnO 通过沉积在铝表面来产生作用，增加析氢过电势，而 DE 的添加可以极大地改善锌层的沉积。Gelman 等人提出了一种新型非水铝－空气电池，该电池采用 1- 乙基 -3- 甲基咪唑低聚氟氢化物 [EMIm(HF)$_{2.3}$F] 室温离子液体作为电解液，铝－空气电池的容量可达 140mAh·cm^{-2}，利用率超过理论铝容量的 70%。

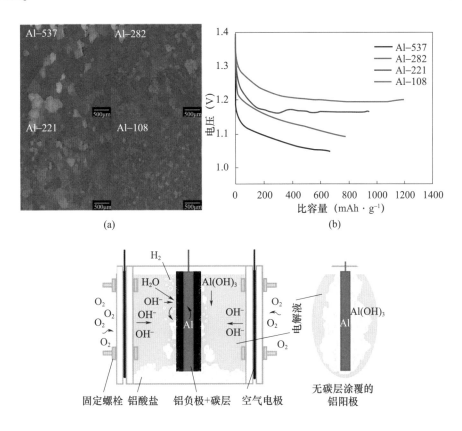

(a)

(b)

(c)

(d)

(e)

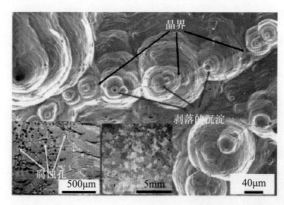

(f)

图3-3 （a）不同晶粒尺寸的形貌图；（b）不同晶粒尺寸铝阳极的铝-空气电池5h的放电曲线（电流密度：20mA·cm^{-2}）[32]；（c）含有碳涂层铝电极的铝-空气电池结构示意图[37]；（d）（e）Al-5.5Mg-1.5F-GNPs的TEM，Mapping图[38]；（f）Al-Mn-Sb负极的SEM图[42]

3.5 锂－空气电池负极材料

金属锂具有最高的理论容量（3860mAh·g^{-1}）及最低的电化学电压（-3.04V 相对于标准氢电极），被视为锂电池负极的终极选择，已被应用于第二代储能体系锂－空气电池负极之中，表现出高容量、高工作电压及高能量密度等特点[46]。无论是采用商用正极还是正在研究的正极替代材料，以锂金属作为负极，所得锂－空气电池的理论容量高达11430Wh·kg^{-1}，若基于放电产物过氧化锂的质量计算，能量密度为3505Wh·kg^{-1}，有望解决现有锂离子电池所面临的能量密度难题。并且金属锂储量丰富，价格低廉，可有效地降低生产成本。然而锂金属负极在电化学循环过程中面临众多问题，其中锂枝晶的生长及其导致的低库仑效率、容量衰退，甚至是电池爆炸，成为目前阻碍锂－空气电池发展的最大隐患。金属锂的高化学活性，不仅表现在极易与氧气和电解液发生副反应，还能与电解液中的添加剂（如水分、可溶性催化剂）发生反应。并且，锂－空气电池的工作环境是半开放的，长时间暴露在空气中，空气中的水蒸气也会对锂金属造成腐蚀。因此，通过合适的技术对锂负极进行改性和保护，降低空气和溶剂对锂负极的腐蚀及锂枝晶等对金属锂负极的恶化作用，对推动锂－空气电池的应用具有重要的现实意义。

稳定的金属锂负极是保证锂－空气电池的高能量密度、能量效率、长循环寿命和安全性的关键。目前，锂－空气电池中金属锂负极的改性和保护策略主要有：电极结构优化，在锂金属表面构建固体电解质界面（SEI）膜，构建合金化负极，电解液改性或使用固态电解质等方法。

3.5.1 电极结构优化

金属锂电极是无主体的结构，在 Li^+ 反复沉积和剥离过程中电流密度分布不均匀会导致锂枝晶的形成，使得 SEI 膜破裂，导致电池的库仑效率降低和循环寿命变短。因此，采用合适的基体结构来适应反复沉积和剥离过程中引起的体积变化对实现金属锂二次电池的实际应用十分重要。优异的基体结构不仅能缓解在反复循环过程中电极体积变化，还要能调控 Li^+ 在沉积和剥离过程中电流的分布，从而能有效抑制锂枝晶的生长[47]。如采用具有良好导电性的 3D 网络框架（3D 铜箔、石墨烯基材料和碳纳米管材料等）作为支撑体时，不仅能降低电流密度还能缓解体积的变化。例如，Jeong 等人报道了一种以 3D 多孔铜支架为导电主体的 3D 主体 - 锂复合阳极（HLC），其形貌示意图如图 3-4（a）（b）所示，用于锂 - 氧电池，以降低局部电流密度并诱导均匀的锂沉积，从而抑制锂枝晶的形成[48]。研究发现正极上 Li_2O_2 的量根据面对的锂负极的状态而变化，表面来自锂金属阳极的均匀锂离子通量的影响对于确保阴极均匀形成 Li_2O_2 至关重要，HLC 确保正极 Li_2O_2 均匀形成和分解。

除导电基体外，具有表面功能基团修饰的亲锂基体也能使 Li^+ 在负极表面均匀分布而产生无枝晶的金属锂负极。尽管上述的优异结构能有效抑制锂枝晶的生长，但这些结构仍存在一些缺陷。如 3D 结构中高的比表面积会产生更多副反应的活性位点而加快电解液消耗，因此需要在构筑 3D 结构的同时加入一些电极液添加剂来形成稳定的 SEI 膜，从而可阻止电解液对新沉积的金属锂的腐蚀。此外，引入基体材料时需要合适控制基体的比例来确保复合负极材料高的质量密度和体积能量密度。在后续研究中，需将基体结构结合其他的措施来优化电池的库仑效率与安全性。

3.5.2 人工构建 SEI 膜

金属锂能与大部分有机溶剂反应，在锂表面生成一层固态电解质界面（SEI），该 SEI 膜通常易脆、致密度低且不稳定，不能有效保护金属锂。因此，需在金属锂表面人工构筑稳定的 SEI 膜。理想 SEI 膜需具有高的化学和电化学稳定性、高离子电导和电子绝缘性、致密无针孔且具高的剪切模量和弹性模量。根据 SEI 膜成分不同可将其分为无机膜、有机聚合物膜和有机 - 无机复合膜。

无机 SEI 膜主要包括 LiF、Li_3N、Li_2O、Al_2O_3、Li_3PO_4、LiPON 和一些碳基材料。LiF 是无机 SEI 膜中的主要成分，当金属锂与含有锂盐的有机电解液接触时就能自动生成。LiF 尽管自身的离子电导较低（$< 10^{-9} S \cdot cm^{-1}$），但其具有高的化学稳定性、高的机械模量、高的表面能及低的 Li^+ 表面扩散势垒，从而能有效抑制锂枝晶的生长。目前已有较多的文献采用不同的方法在金属锂表面构筑均匀和致密的 LiF 层来保护金属锂负极。Lin 等人将商业的氟利昂气体与锂还原的 3D 层状氧化石墨烯反应（Li-rGO），可在

3D 金属锂结构上原位构筑一层均匀包覆的 LiF 层，如图 3-4（c）所示[49]。含有 LiF 保护的 3D Li-rGO 能有效抑制副反应的发生，从而可显著提升锂 - 锂对称电池和锂 - 硫电池的循环稳定性和库仑效率。

相比于无机 SEI 膜，有机特别是聚合物膜具有高的弹性模量，能适应金属锂在沉积和剥离过程中的体积变化而避免 SEI 膜破裂；并且大部分聚合物是电子绝缘的，可使锂沉积在聚合物下面。有文献报道将高柔性、高机械强度和超疏水性的聚二甲基硅氧烷（PDMS）用于金属锂保护时，能显著提升电池的库仑效率和循环性能[50]。目前大部分有机聚合物薄膜具有高的弹性能适应循环过程中金属锂的体积变化，但聚合物的刚性较差而不能有效阻止锂枝晶的生长。无机聚合物颗粒一般具有高的剪切模量但易脆，因此，可以将有机和无机复合物薄膜结合起来制备既具有高机械强度又具有高柔韧性的人工 SEI 膜用于金属锂的保护。Cui 课题组通过将含有亚纳米级的 Cu_3N（100 nm）与丁苯橡胶（SBR）混合可制备具有高机械强度、高韧性及高 Li^+ 电导的复合 SEI 膜[51]。当该 SEI 膜与金属锂接触时，Cu_3N 会与金属锂立即反应生成高 Li^+ 导体的 Li_3N，同时 SBR 聚合物黏结剂能将 Li_3N 紧密地固定在金属锂表面。因此，在电池循环过程中 SEI 膜中的具有高机械强度的无机相能有效地抑制锂枝晶的生长，且聚合物相能使得 SEI 膜在循环过程中与金属锂紧密结合，从而能显著提升电池的循环稳定性。

3.5.3　锂负极合金化

合金材料可以有效降低锂的成核过电位，提供快速的 Li^+ 传输通道，有效引导锂离子的沉积，抑制锂枝晶的生长。在锂离子电池中常用嵌锂石墨阳极代替金属锂作为负极，插层碳材料可以形成 LiC_6 的锂化合金，理论比容量为 372mAh·g^{-1}，脱锂电位约为 0.05V。而合金型 LiM 主体材料（M=Si、Ge、Sn 等）可形成 $Li_{4.4}M$ 锂化相，分别具有 4200mAh·g^{-1}/9786mAh·cm^{-3}（Si）、1625mAh·g^{-1}/8645mAh·cm^{-3}（Ge）和 994mAh·g^{-1}/7216mAh·cm^{-3}（Sn）的理论容量 / 体积容量。此外，合金型 LiAl 能形成 Li_9Al_4 的锂化相，理论容量为 2235mAh·g^{-1}，这些合金负极为锂 - 氧电池的发展带来了巨大的应用潜力。Hassoun 等人首次报道了一种锂 - 氧电池，采用含有微米级碳颗粒的锂化硅作为阳极，Super P 碳材料作为阴极，$LiCF_3SO_3$-TEGDME（四乙二醇二甲醚三氟化锂）溶液作为电解质[52]。锂化硅 SEM 图如图 3-4（d）所示。当锂 - 氧全电池放电电压为 2.4V，Li_xSi-O_2 全电池的重量密度约为 980Wh·kg^{-1}，高于传统的石墨负极、$LiCoO_2$ 阴极组装成的锂离子电池在 3.6V 时对应的重量能量密度（384Wh·kg^{-1}）。锂 - 氧电池充放电曲线如图 3-4（e）所示。然而，合金型 LiM 主体（Si、Ge、Sn、Al 等）在应用时仍存在体积膨胀等问题，导致电极材料坍塌，不可逆容量增大，循环寿命缩短；且用锂金属合金代替锂金属时，会导致电压和容量方面的损失，因此后续诸多研究集中于抑制合金型 LiM 主体体积膨胀及安全性与能量密度的调控方面[50]。

3.5.4 电解液改性

通过优化电解液中的溶剂、锂盐和添加剂可在金属锂表面原位构筑稳定和均匀的 SEI 膜，调控电解液对金属负极的反应活性，稳定负极／电解液界面，抑制负极的腐蚀以及枝晶的不可逆生长。在锂－空气电池中，负极锂在不同的溶剂中生成的 SEI 膜组成和结构不同，因此电池循环过程中沉积的锂金属的形貌也会存在明显差异。在碳酸烷基酯溶剂中，沉积的锂金属形貌一般呈针状；而在醚类电解液中，沉积的锂金属呈苔藓状。相比于线状的分子结构，环状的醚类和碳酸酯溶剂中的库伦效应都较优。将碳酸酯类溶剂和醚类溶剂混合可以优化 SEI 膜的性质和锂金属沉积的形貌，起到稳定负极的作用。如将 DME 作为共溶剂加入碳酸酯类电解液中，可使沉积锂的形貌由疏松的细线状转化为致密的圆柱状。为了进一步提升 SEI 膜的稳定性和均匀性，可将含氟溶剂作为共溶剂来提升 SEI 膜中 F 含量而提升其稳定性，并且含氟溶剂高的还原活性和低的氧化活性也会提升电解液的氧化稳定性。此外，离子液体具有高的电化学稳定性和不燃性，会在金属锂表面形成稳定的 SEI 膜，但离子液体的黏性高和成本高。

锂盐中阴离子的尺寸和结构会显著影响 SEI 膜的结构和组成。BOB^-、PF_6^-、$TFSI^-$ 和 AsF_6^- 是电解液中常用的阴离子，这些阴离子会在金属锂表面形成稳定的 SEI 膜，从而可实现金属锂的均匀沉积。此外，通过在电解液中添加多种阴离子可起到协同的作用，从而可进一步提升 SEI 膜的稳定性。如将 LiFSI 或 LiBOB 加入含 LiTFSI 的电解液中，致密的 LiF 和含 B 的刚性化合物会增加 SEI 膜的致密度和强度。除锂盐中的阴离子外，锂盐的浓度和电解液添加剂也会明显影响 SEI 膜的组分和结构，下面简单介绍这两个因素对 SEI 膜的影响。

目前大部分电解液的锂盐浓度是 $1mol \cdot L^{-1}$，当增加电解液中锂盐浓度时会形成具有低可燃性和高稳定性的高盐电解液，高盐体系中的大部分溶剂分子会通过溶剂化与 Li^+ 络合，使电解液中自由溶剂分子的量大幅度降低，形成的 SEI 膜中含有高的无机成分和较低的有机成分，有利于金属锂的沉积致密。Suo 等人提出了一种溶剂 - 溶于 - 锂盐（solvent-in-salt，SIS）的新型电解液，该电解液由超高浓度的 LiTFSI（7M）锂盐溶于 DOL/DME 溶剂中来制备，研究结果表明该电解液能有效抑制锂枝晶的生成[53]。随后，Zhang 的团队将 4 M 的 LiFSI 溶于 DME 中制备了高浓度的电解液[54]。该电解液中的阴离子分解后在锂金属表面原位形成一层以无机成分为主的 SEI 膜，该膜具有高的机械强度和高稳定性，使沉积的金属锂具有高的致密性，从而显著提升电池的库仑效率。2018 年，他们课题组进一步发现高盐的电解液体系能提升电解液的氧化稳定性，特别是对在 4.0V 极易氧化和分解的醚类电解液能有很好的保护效果。当将 2MLiTFSI 和 2M 二氟草酸硼酸锂（LiDFOB）溶于 DME 溶剂时可形成高盐电解液，在该电解液体系中金属锂表面能形成稳定的 SEI 膜，如图 3-4（f）所示，该 SEI 膜能使 Li‖LiNi$_{1/3}$Mn$_{1/3}$Co$_{1/3}$O$_2$ 电池在高电压（4.3V）下也能实现长时间循环[55]。尽管高盐体系能有效提升金属锂电池的电化学性能，但高盐体系具有高的黏度、较低的离子电导而引起高的过电位和高的成本等缺点限制了其商业化应用。

电解液添加剂是另一种可有效提升金属锂安全性和循坏稳定性的方案，通常少量的添加剂（< 10%）即可显著提升电池性能。电解液添加剂主要有两种机制来影响金属锂负极，即：①一些电解液添加剂会被金属锂还原，会在金属锂表面原位构筑一层稳定的 SEI 膜；②一些电解液添加剂能作为表面活性剂来改变金属锂表面的反应活性。不同类型的添加剂如 HF 和 FEC 能在金属锂表面原位构筑富含 LiF 的 SEI 膜，从而可明显提升电池的循环稳定性和抑制锂枝晶的生长。Choudhury 等人报道了一种溴化离聚物盐作为电解质添加剂的液体电解质应用于锂 – 氧电池，该添加剂在阳极与锂自发形成 SEI 膜[56]。形成的 LiBr 保护层可以保护锂阳极抑制副反应的发生，锚定反应过程中释放的 Br$_3^-$/Br$^-$，充当阴极的氧化还原介体，降低电荷过电势（从 4.45V 降到 3.7V）。含 Li$_2$CO$_3$ 的 SEI 膜与含 LiF 的 SEI 膜具有类似的功能，可用于提升金属锂的稳定性，因此在电解液中加入一些能增加 SEI 膜中 Li$_2$CO$_3$ 含量的添加剂也能有效稳定金属锂负极。Huang 等人将硼酸作为添加剂用于锂 – 空气电池中，研究发现硼酸能作为一种交联剂将硼酸锂、碳酸化合物、氟化物和有机化合物结合起来形成稳定的 SEI 膜，如图 3-4（g）所示，该 SEI 膜可显著提升金属锂的稳定性及锂 – 空气电池的循环性能[57]。

此外，一些电解液添加剂能作为表面活性剂。Ding 等人通过将铯离子（Cs$^+$）和铷离子（Rb$^+$）加入电解液中能起到自愈合的静电屏蔽作用，如图 3-4（h）所示[58]。由能斯特方程可知，当该电解液中的 Cs$^+$ 和 Rb$^+$ 浓度远低于电解液中 Li$^+$ 浓度时，Cs$^+$ 和 Rb$^+$ 会优先在尖端聚合而对 Li$^+$ 起到静电排斥的作用，使 Li$^+$ 在尖端附近沉积而得到平整的金属锂表面。Wan 等人通过将液相氟碳添加剂 3-[2-（全氟己基）乙氧基]-1,2- 环氧丙烷加入电解液中来改善 O$_2$ 的传输，提升锂 – 空气电池的放电容量及功率密度。在模拟空气氛围内（N$_2$：O$_2$=78：22，v/v），锂 – 空气电池在 500mA·g$^{-1}_{carbon}$ 的电流密度下，放电容量显著提高至 16368mAh·g$^{-1}_{carbon}$，即使在 5000mA·g$^{-1}_{carbon}$ 的情况下，容量仍能保持在 1792mAh·g$^{-1}_{carbon}$。含氟添加剂的引入，能使 O$_2$ 溶解度和扩散系数增加，但电解液中 O$_2$ 含量过高会使得更多的 O$_2$ 传输至金属锂负极，导致金属锂发生严重的腐蚀。因此，在引入电解液添加剂时需对电池中的各个组分进行综合考虑。

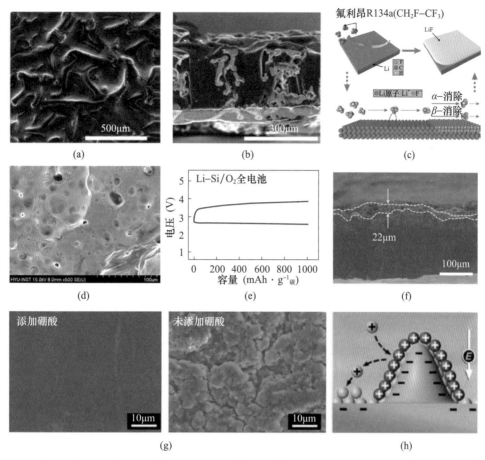

图3-4　(a)(b)HLC表面、横截面的SEM图[48]；(c)表面LiF涂层及主要化学反应示意图[49]；
(d)(e)Li$_x$Si的SEM图，及组装的锂-氧电池充放电曲线[52]；(f)锂阳极在4M LiTFSI-
LiDFOB dual-salt-DM电解液中循环40圈后的SEM图[55]；(g)添加/未添加硼酸(BA)的电解
液组装锂-空气电池循环20圈后，锂阳极SEM图[57]；(h)基于自愈静电屏蔽的锂沉积图示[58]

3.6　钠－空气电池负极材料

作为仅次于锂的第二轻的金属元素钠（Na），其电化学氧化还原电势（Na$^+$/Na的
电势）为-2.741V（vs. SHE），钠-空气电池可以提供较高的理论电化学窗口。理想情
况下，以Na$_2$O$_2$或者NaO$_2$为理论放电产物时，钠-空气电池的理论能量密度也能达到
1100Wh·kg^{-1}以上，在金属-空气电池中仅次于锂-空气电池，远高于目前的锂离子
电池和铅酸电池。此外，钠元素储存丰富，在地壳中的丰度高达2.3%~2.8%，比锂高出
4~5个数量级。因此，钠-空气电池在电池储能技术领域具有巨大的商业价值和可持续
利用的潜力。然而钠金属负极在电化学循环过程中面临众多问题，其中钠金属的不均匀
剥离/电镀会导致钠枝晶的生成，钠枝晶的生长会穿透固体电解质界面（SEI）膜。SEI

层的反复破坏和修复会导致电解质和金属钠的持续消耗，导致库仑效率降低和界面电阻升高。在电解质或金属钠最终耗尽后，电池可能会过早失效。此外，尖锐的钠枝晶的积累可能会穿透隔膜，造成电池短路甚至爆炸，严重阻碍了钠-空气电池的发展和应用。钠-空气电池为半开放体系，环境空气中有水分及少量二氧化碳存在，水分与阳极金属钠接触会造成电池短路，进入阴极电解液会使电解液浓度发生变化或与放电产物发生副反应。二氧化碳易与放电产物反应生成不溶性产物碳酸钠，碳酸钠不导电且可逆性差，会堵塞气体通道。不可避免地，空气电极还原反应产生的还原态的 O^{2-} 也会穿过电解液和隔膜传输到钠阳极，导致阳极腐蚀和库仑效率降低。因此，有效地保护钠阳极不受腐蚀，实现钠的均匀脱镀，对钠-空气电池进入实际应用具有重要的价值。

对钠-空气电池的钠负极进行改性或保护，降低空气、电解液对钠的腐蚀和抑制钠枝晶的生成，是保证钠-空气电池以高能量密度和能量效率长时间稳定安全运行的关键。钠-空气电池中金属钠负极的改性和保护策略主要有在钠金属表面人工构筑 SEI 膜，电解质改性，电极结构优化，合金化等方法。

3.6.1 电极结构优化

电流密度对钠沉积的形态有决定作用，电荷在电极表面的不均匀分布会导致钠枝晶的生成。通过三维电极显著降低局部电流密度，可以有效抑制 Na 枝晶的生长。例如，He 等人报道了具有阶梯式亲钠梯度结构的新型轻质纤维状羟基化 Ti_3C_2（h-Ti_3C_2）MXene 基支架（h-M-SSG），如图 3-5（a）所示[59]，其厚度可控（80~250μm）。亲钠梯度结构（由 h-Ti_3C_2 调节）可以有效诱导钠离子优先沉积在支架底部，从而抑制枝晶生长。h-M-SSG 应用在钠-氧电池空气阴极时，电池在高电流密度（40mA·cm^{-2}）和高截止容量（40mAh·cm^{-2}）下表现出低极化电压和长循环寿命，这种沉积调节策略可促进高性能钠-氧电池金属阳极 3D 支架的设计。

在促进钠电池中均匀 Na^+ 通量的各种 3D 集流器中，3D 碳骨架由于其独特的性能在未来大规模制造和应用中显示出最大的潜力：（1）具有高表面积和孔隙率的碳材料可以构建三维 Na 金属主体或中间层，从而降低局部电流密度，使 Na 均匀沉积。同时，也能很好地解决连续剥离/电镀过程中钠金属体积无限膨胀的问题；（2）碳表面的"亲钠"官能团/纳米材料有助于提高钠亲和力，有利于均匀的钠成核，且过电位低；（3）具有较高机械柔韧性和化学稳定性的碳膜可以作为稳定 SEI 膜的保护层，既抑制了钠枝晶的生长，又缓解了钠的腐蚀；（4）碳材料相对较轻，经济有效，同时，三维碳网络的厚度和孔隙率易于控制。虽然碳基材料在 Na-O_2 电池中抑制钠枝晶生长和钠降解的研究相对较少，但早期对称电池中钠保护的研究为合理设计稳定 Na-O_2 电池中钠金属负极的碳材料提供了一定的指导意义。高孔隙率碳材料可以为钠金属构建三维基体或夹层，通过降低局部电流密度来促进钠金属的均匀沉积，阻止钠枝晶的生长；同时，碳材料的多孔结构还可以缓解多次充放电过程中钠金属的无限体积膨胀问题；高机械强度和化学稳定性的碳膜作为稳定固态电解质界面的保护层不仅可以抑制枝晶的生长，还可以缓解氧气、水、超氧根离子等对钠金属负极的化学腐蚀；最后，钠化的碳材料还可用于钠－空气电池的负极材料。碳材料在提升钠－空气电池的电化学性能中起着至关重要的作用[60]。Wang 等人制备了一种由钠和 r-GO 制成的可加工、可模制的复合钠金属阳极（Na@ r-GO）[61]。复合阳极的 r-GO 含量为 4.5%，与钠金属阳极相比，具有更高的硬度、强度以及耐腐蚀稳定性，并且可以设计成各种形状和尺寸，如图 3-5（b）所示，应用在 Na-O$_2$ 和 Na-Na$_3$V$_2$(PO$_4$)$_3$ 全电池中，电池循环稳定性能提升，减少了枝晶的形成。

3.6.2　人工构筑 SEI 膜

对于以有机溶剂作为电解质的钠－空气电池，钠负极会和有机溶剂型电解质反应，在反复充放电循环中会形成不稳定的 SEI 膜。SEI 膜在充放电过程中的重整和不受控制的钠枝晶很容易穿透隔膜，加速了电解质和钠的流失，从而导致电池短路和安全事故。使用醚基电解质可以形成均匀的 SEI 膜，但是这种 SEI 膜无法在高电流密度下保持其稳定性。因此，在钠负极表面人工构建稳定有效的 SEI 膜对提升钠阳极的电化学性能至关重要。理想的 SEI 膜应与电极紧密接触，具有高均匀性、稳定的机械和电化学性能以及剥离/电镀过程中的高界面电导率。根据 SEI 膜成分不同可将其分为无机膜、有机聚合物膜和有机-无机复合膜。

无机 SEI 膜主要包括 NaF、Na$_2$O 和一些碳基材料。Wu 等通过对称电池充放电方法在金属钠负极表面形成一层保护性钝化膜来构建坚固的钠阳极。薄膜中大量的 NaF 赋予了钠负极优越的性能，有效抑制了穿梭的 O$_2$ 和电解质等对钠的腐蚀，同时抑制了钠枝晶的形成，使金属钠剥离/镀层保持长期稳定性而不发生短路，如图 3-5（c）所示[62]。将该具有保护性钝化膜的钠负极用于 Na-O$_2$ 电池，电池的充放电稳定性得到了很大的提高。自支撑石墨烯薄膜是钠金属表面人工保护层的理想碳材料，可以稳定 SEI 膜并阻止钠枝晶的生长。一方面，污染物只能通过石墨烯的层间离子通道扩散，而不能从阴极自由迁移到金属钠表面；另一方面，石墨烯的高表面积几乎不会被副产物覆盖，确保了在污染物交叉存在的情况下，钠金属负极的循环寿命显著提高[60]。此外，Ma 等人通过简单的置换反应，实现了在钠金属阳极上原位沉积铋层（Na/Bi），如图 3-5（d）（e）所示[63]。制备得到的 Na/Bi 阳极可以直接用于电化学性能测试，无需进一步处理。该复合阳极可以加速电荷转移速率、保护钠阳极的腐蚀和有效降低电池电阻，并且在不同的电流密度下都可以抑制钠枝晶，实现了钠长期的脱镀而不发生短路。对称的 Na/Bi 电池可以在电流密度为 0.5mA·cm^{-2} 的情况下运行 1000 小时以上。此外，Na/Bi 复合阳极的 Na-O$_2$ 电池也表现出了更好的循环性能（50 次）。

与无机 SEI 膜相比，有机或无机-有机混合 SEI 膜具有高的弹性模量，能适应金属钠在沉积和剥离过程中的体积变化而避免 SEI 膜破裂，有望进一步提高钠金属 – 空气电池的性能。分子层沉积（MLD）法是在钠金属负极表面制备无机 - 有机杂化或纯聚合物薄膜的常用方法，并且该方法制备的薄膜具有可调节的热稳定性和改善的机械性能。Zhao 等人利用 MLD 方法在金属钠上沉积了超薄的无机 - 有机铝酮层来保护钠负极，有效抑制了苔藓状和树枝状钠的形成，并显著提高了钠金属电池的使用寿命 [64]。并且分子层沉积方法制备的铝酮保护膜性能优于用原子层沉积方法制备的 Al_2O_3 保护膜。

3.6.3 电解液改性

由于钠金属非常活泼，极易与电解液发生反应，导致钠 – 空气电池在重复电镀和剥离过程中可逆性差。基于对锂金属阳极数十年的深入研究，人们普遍认为简单的、无添加剂的液体电解质无法形成均匀致密的 SEI 膜来有效钝化碱金属表面。使用无添加剂的液体电解质一方面会使暴露的金属负极和电解质溶剂反应，导致库仑效率低；另一方面会促进离子通量不均匀，导致树状钠枝晶生长。理想的电解质应该能够在钠金属表面形成均匀致密的 SEI 膜，这种 SEI 膜对电解质溶剂具有高度的不渗透性，并且在长期的镀 / 脱过程中有利于非枝状钠的生长。Cui 的团队将 $NaPF_6$ 与二甘醇二甲醚、乙二醇二甲醚、四乙二醇二甲醚等溶剂作为钠 – 空气电池的液体电解质，钠金属负极和 F 在该电解液反应后在表面形成由 Na_2O 和 NaF 组成的均匀的无机 SEI 膜，无需任何固体 / 聚合物凝胶电解质、分离器修饰或阳极表面涂层，就可以在室温下实现高可逆性和无枝晶的钠金属阳极。由于该 SEI 膜对电解质溶剂具有高度的不渗透性和抑制钠枝晶生长，钠 – 空气电池在 $0.5mA \cdot cm^{-2}$ 的电流密度下，经过 300 次电镀 - 剥离循环，平均库仑效率达到 99.9%，如图 3-5（f）所示 [65]。

3.6.4 钠负极合金化

由于金属钠的高反应活性，钠枝晶的生长和腐蚀性氧化对 $Na-O_2$ 电池的安全性、可逆性和循环稳定性造成了负面的影响。可以通过用钠合金 / 化合物或钠离子嵌入材料代替钠金属，来解决钠金属阳极的上述负面问题。例如，为了防止钠金属与二甲亚砜基电解质之间发生不良反应，Dilimon 等人采用预钠化锑（Na-Sb 合金）作为 $Na-O_2$ 电池的阳极材料 [66]。钠金属阳极的电镀和剥离循环不稳定，库仑效率低的重要原因之一是钠成核过电势较高，导致沉积不均匀，甚至枝晶生长。Tang 及其同事报道了一种简便的方法，通过在铜基板上引入金钠合金的"亲钠"层作为集电器，以显著降低钠的成核过电势 [67]。因此，钠金属可以以良好的可逆性在改性集流体上镀覆和剥离。组装成的钠金属电池在 $2.0mA \cdot cm^{-2}$ 的电流密度下，经过 300 个循环后，平均库仑效率仍保持在 99.8%，证明了基材的亲钠改性对钠金属电池沉积过程的重要性。Ma 等人制备了一种 Li-Na 合金阳极，沉积过程示意图可见图 3-5（g），并与电解质添加剂（1，3- 二氧戊环）协同作用，制得循环稳定性优异的非质子双金属 Li-Na 合金 –O$_2$ 电池 [68]。电化学研究表明，Li 和 Na 的剥离和电镀，以及原位形成的钝化膜（通过 1,3- 二氧戊环添加剂与 Li-Na 合金反应）可以抑制枝晶、缓冲合金阳极体积膨胀，避免电解质消耗并确保高电子传输效率和持续的电化学反应。Li-Na 合金 –O$_2$ 电池表现出优异的电化学性能，具有高容量和 137 次循环的长循环稳定性，是传统 Na–O$_2$ 电池寿命（31 个循环）的四倍。

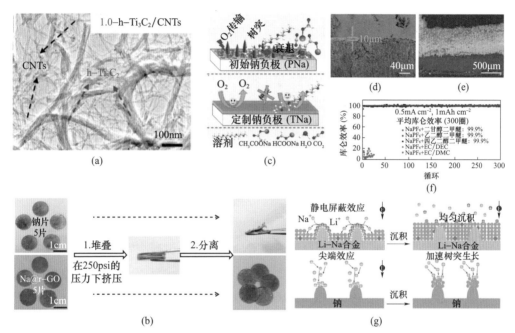

图 3–5 （a）h-Ti$_3$C$_2$/CNTs 的 TEM 图 [59]；（b）Na@r-GO 复合材料的机械稳定性 [61]；（c）定制的钠阳极（TNa）可防止电解质和钠阳极之间的副反应 [62]；（d）Na/Bi 阳极 SEM 图；（e）Na/Bi 阳极 EDS 图：Bi（绿色）和 Na（红色）[63]；（f）1M NaPF$_6$ 在各种电解质溶剂中循环的阳极库仑效率图 [65]；（g）Li-Na 合金负极沉积过程，抑制钠枝晶生长的原理示意图 [68]

3.7 小结与展望

金属 – 空气电池因其高能量密度、低成本和环保等优点，在过去的几十年里受到了广泛的关注。但是金属负极在循环过程中出现的枝晶、体积膨胀和腐蚀等问题严重影响了金属电池的商业化应用。近年来对于金属负极的研究取得了有效的进展，但还有很多机理问题和难题等待着我们去解决。高比表面积金属负极的使用可以有效地降低电池运行过程中的电流密度，抑制了枝晶的生成，但同时也增加了金属和电解液的接触面积，从而可能加快金属负极的腐蚀；金属合金和混合金属负极能够改变金属沉积的方式，但牺牲了负极金属的高比容量；人工 SEI 膜能够阻隔活泼金属负极与电解液的直接接触，避免副反应的发生，能部分抵御枝晶的刺穿和原位 SEI 膜破裂带来的影响，但有可能增加电池电阻；负载金属 2D/3D 基底的运用能够引导金属沉积，从而部分抑制枝晶和阻隔金属负极与电解液的接触，但当金属过量时，会导致基底会发生破裂或者金属沉积在基底表面。基于目前金属负极存在的问题，我们认为以下研究方向对金属负极的未来发展非常关键。

（1）多种改性和保护方法相结合。显然，单一的改性方法无法从根本上解决金属负极面临的难题，需结合固－液、固－固界面，沉积与成核，原位 SEI 膜生长，负极合金化，电解液调控等各个方面，有效使用不同手段对负极进行改性。例如，根据负极金属类别和性质，结合亲金属结构和亲金属物质引导负极金属离子的均匀沉积；发挥亲金属层和疏金属层的梯度关系制备人工 SEI 膜，抑制枝晶的同时也能防止原位 SEI 膜破裂带来的危害等。除此之外，所制备的金属负极需和电解质类型相匹配，解决"穿梭效应"、不能暴露于空气等问题，充分发挥金属负极高比容量的同时又能保证金属－空气电池的稳定高效循环。

（2）需要先进的原位和非原位表征工具来监测和跟踪金属阳极在金属－空气电池系统运行条件下的化学／物理性能的演变，这将有助于揭示更多关于表面性能和性能衰退的关键信息，从而指导功能材料和电池结构工程的合理设计。通过紫外／可见光谱、气／液相色谱、拉曼光谱和傅里叶变换红外光谱等原位和非原位探测方法，可以对金属－空气电池充放电过程进行更深入的了解。

（3）理论建模是研究金属－空气电池机理的有效方法。通过理论计算，可以模拟和优化流动速率、电流分布、传输物理学（例如，电极中的对流、扩散和迁移）和电化学性能参数（例如，电流密度、过电位和功率密度）等因素，从而节省时间和资源。因此，需要建立更多金属－空气电池（特别是关于金属负极）的理论模拟模型，为后续金属－空气电池系统的智能设计和金属负极的保护和优化提供启示。

（4）应特别注意金属－空气电池的安全和污染问题。金属－空气电池系统中使用的酸、碱和有机电解质可能会对空气和环境造成污染和危害。目前要实现金属－空气电池的实际应用仍存在一些技术上的问题，而确定大规模储能首要考虑的就是活性金属负极和空气气氛共存以及易燃有机电解质等的安全问题。因此，在任何可能的商业市场应用考虑之前，基础研究和工业应用领域都应该在金属空气技术的可靠性和安全性方面投入大量时间和精力。

随着纳米材料的发展和表征手段的不断进步，更多的基础性研究正在进行中，人们正一步步接近理解金属沉积成核和原位生成 SEI 膜的机理。我们坚信，通过理论和实验相结合，加上先进的非原位／原位表征技术的引入，金属负极的问题会被逐步解决，从而使金属－空气电池体系得到广泛的应用。

参考文献

[1] 董占华. 粉压成型制备负极的锌－空气电池研究 [D]. 哈尔滨：哈尔滨工业大学, 2021.

[2] 高晓虹. 锌空气电池高性能空气电极催化剂设计、制备及性能研究 [D]. 海口：海南师范大学, 2021.

[3] 陈朝阳. 锌空气电池界面改性研究 [D]. 桂林：广西师范大学, 2022.

[4] 郑艳姬, 杨妮, 李俊, 等. 锌空气电池枝晶生长模拟研究现状 [J]. 云南冶金, 2020, 49(3): 37-43.

[5] 邹小康, 何建橙, 郭雷, 等. 锌－空气电池的研究现状及发展前景 [J]. 山东化工, 2019, 48(2): 66-67+69.

[6] PARKER J F, NELSON E S, WATTENDORF M D, et al. Retaining the 3D framework of zinc sponge anodes upon deep discharge in Zn-air cells [J]. ACS applied materials & interfaces, 2014, 6(22): 19471-19476.

[7] PARKER J F, CHERVIN C N, NELSON E S, et al. Wiring zinc in three dimensions re-writes battery performance-dendrite-free cycling [J]. Energy & Environmental Science, 2014, 7(3): 1117-1124.

[8] ZHANG Y, WU Y, DING H, et al. Sealing ZnO nanorods for deeply rechargeable high-energy aqueous battery anodes [J]. Nano Energy, 2018, 53: 666-674.

[9] WU Y, ZHANG Y, MA Y, et al. Ion - sieving carbon nanoshells for deeply rechargeable Zn - based aqueous batteries [J]. Advanced Energy Materials, 2018, 8(36): 1802470.

[10] CHEN P, WU Y, ZHANG Y, et al. A deeply rechargeable zinc anode with pomegranate-inspired nanostructure for high-energy aqueous batteries [J]. Journal of Materials Chemistry A, 2018, 6(44): 21933-21940.

[11] YAN Y, ZHANG Y, WU Y, et al. A lasagna-inspired nanoscale ZnO anode design for high-energy rechargeable aqueous batteries [J]. ACS Applied Energy Materials, 2018, 1(11): 6345-6351.

[12] MEI Z, LI H, WANG G, et al. Solvent-free and in situ synthesis of three-dimensional covalent organic frameworks thin films on Zn anodes for Zn-air batteries [J]. Applied Surface Science, 2023, 615: 156324.

[13] LEE Y S, KIM Y J, RYU K S. The effects of CuO additives as the dendrite suppression and anti-corrosion of the Zn anode in Zn-air batteries [J]. Journal of Industrial and Engineering Chemistry, 2019, 78: 295-302.

[14] LAN C, CHIN T, LIN P, et al. Zn-Al alloy as a new anode-metal of a zinc-air battery [J]. Journal of New Materials for Electrochemical Systems, 2006, 9(1): 27.

[15] JO Y N, PRASANNA K, KANG S H, et al. The effects of mechanical alloying on the self-discharge and corrosion behavior in Zn-air batteries [J]. Journal of industrial and engineering chemistry, 2017, 53: 247-252.

[16] GHAZVINI M S, PULLETIKURTHI G, CUI T, et al. Electrodeposition of zinc from 1-ethyl-3-methylimidazolium acetate-water mixtures: investigations on the applicability of the electrolyte for Zn-air batteries [J]. Journal of the Electrochemical Society, 2018, 165(9): D354.

[17] DOBRYSZYCKI J, BIALLOZOR S. On some organic inhibitors of zinc corrosion in alkaline media [J]. Corrosion Science, 2001, 43(7): 1309-1319.

[18] LI W, LI C, ZHOU C, et al. Metallic magnesium nano/mesoscale structures: their shape - controlled preparation and Mg/air battery applications [J]. Angewandte Chemie International Edition, 2006, 45(36): 6009-6012.

[19] AUNG N N, ZHOU W. Effect of grain size and twins on corrosion behaviour of AZ31B magnesium alloy [J]. Corrosion Science, 2010, 52(2): 589-594.

[20] ZHANG T, SHAO Y, MENG G, et al. Corrosion of hot extrusion AZ91 magnesium alloy: I-relation between the microstructure and corrosion behavior [J]. Corrosion Science, 2011, 53(5): 1960-1968.

[21] SONG G L, MISHRA R, XU Z. Crystallographic orientation and electrochemical activity of AZ31 Mg alloy [J]. Electrochemistry Communications, 2010, 12(8): 1009-1012.

[22] SONG G L, XU Z. Effect of microstructure evolution on corrosion of different crystal surfaces of AZ31 Mg alloy in a chloride containing solution [J]. Corrosion Science, 2012, 54: 97-105.

[23] LI Y, MA J, WANG G, et al. Effect by adding Ce and In to Mg-6Al Alloy as anode on performance of Mg-air batteries [J]. Materials Research Express, 2019, 6(6): 066315.

[24] TONG F, WEI S, CHEN X, et al. Magnesium alloys as anodes for neutral aqueous magnesium-air batteries [J]. Journal of Magnesium and Alloys, 2021, 9(6): 1861-1883.

[25] SONG G, ATRENS A. Understanding magnesium corrosion: a framework for improved alloy performance [J]. Advanced engineering materials, 2003, 5(12): 837-858.

[26] ROSALBINO F, ANGELINI E, DE NEGRI S, et al. Effect of erbium addition on the corrosion behaviour of Mg-Al alloys [J]. Intermetallics, 2005, 13(1): 55-60.

[27] XIAO B, CAO F, YING T, et al. Achieving ultrahigh anodic efficiency via single-phase design of Mg-Zn Alloy anode for Mg-Air batteries [J]. ACS Applied Materials & Interfaces, 2021, 13(49): 58737-58745.

[28] SIVA SHANMUGAM A, PREM K T, RENGANATHAN N, et al. Performance of a magnesium-lithium alloy as an anode for magnesium batteries [J]. Journal of applied electrochemistry, 2004, 34: 1135-1139.

[29] OEHR K H, SPLINTER S, JUNG J C Y, et al. Methods and products for improving performance of batteries/fuel cells[P]. U.S. Patent 6706432. 2004-3-16.

[30] 程毅. 镁干电池负极材料和缓蚀剂的研究 [D]. 重庆：重庆大学，2013.

[31] KHIABANI A B, GHANBARI A, YARMAND B, et al. Improving corrosion behavior and in vitro

bioactivity of plasma electrolytic oxidized AZ91 magnesium alloy using calcium fluoride containing electrolyte [J]. Materials Letters, 2018, 212: 98-102.

[32] HAN Y, REN J, FU C, et al. Electrochemical performance of aluminum anodes with different grain sizes for Al-air batteries [J]. Journal of The Electrochemical Society, 2020, 167(4): 040514.

[33] FAN L, LU H. The effect of grain size on aluminum anodes for Al-air batteries in alkaline electrolytes [J]. Journal of Power Sources, 2015, 284: 409-415.

[34] FAN L, LU H, LENG J, et al. The effect of crystal orientation on the aluminum anodes of the aluminum-air batteries in alkaline electrolytes [J]. Journal of Power Sources, 2015, 299: 66-69.

[35] JIANG M, FU C, MENG P, et al. Challenges and strategies of low - cost aluminum anodes for high - performance Al - based batteries [J]. Advanced Materials, 2022, 34(2): 2102026.

[36] VOLKOV V, ELISEEVA S, PIMENOV A, et al. Electrochemical properties of aluminum-graphene composite anodes [J]. Int J Electrochem Sci 2016, 11(11) :8981-8993.

[37] PINO M, HERRANZ D, CHACóN J, et al. Carbon treated commercial aluminium alloys as anodes for aluminium-air batteries in sodium chloride electrolyte [J]. Journal of Power Sources, 2016, 326: 296-302.

[38] XIE Y, MENG X, QIN Z, et al. Reversible passivation in primary aluminum-air batteries via composite anodes [J]. Energy Storage Materials, 2022, 49: 537-545.

[39] ARIK H. Effect of mechanical alloying process on mechanical properties of α -Si$_3$N$_4$ reinforced aluminum-based composite materials [J]. Materials & Design, 2008, 29(9): 1856-1861.

[40] ALQUTUB A, ALLAM I, QURESHI T. Effect of sub-micron Al$_2$O$_3$ concentration on dry wear properties of 6061 aluminum based composite [J]. Journal of Materials Processing Technology, 2006, 172(3): 327-331.

[41] YI Y, HUO J, WANG W. Electrochemical Properties of Al-based Solid Solutions Alloyed by Element Mg, Ga, Zn and Mn under the Guide of First Principles [J]. Fuel Cells, 2017, 17(5): 723-729.

[42] LIU X, ZHANG P, XUE J, et al. High energy efficiency of Al-based anodes for Al-air battery by simultaneous addition of Mn and Sb [J]. Chemical Engineering Journal, 2021, 417: 128006.

[43] LIU Y, SUN Q, LI W, et al. A comprehensive review on recent progress in aluminum-air batteries [J]. Green Energy & Environment, 2017, 2(3): 246-277.

[44] EGAN D, DE LEóN C P, WOOD R, et al. Developments in electrode materials and electrolytes for aluminium-air batteries [J]. Journal of Power Sources, 2013, 236: 293-310.

[45] WANG X, WANG J, SHAO H, et al. Influences of zinc oxide and an organic additive on the electrochemical behavior of pure aluminum in an alkaline solution [J]. Journal of applied electrochemistry, 2005, 35: 213-216.

[46] 谢美兰 . 锂空气电池的负极稳定性策略研究 [D]. 武汉：华中科技大学，2020.

[47] LI T, LIU H, SHI P, et al. Recent progress in carbon/lithium metal composite anode for safe lithium metal batteries [J]. Rare Metals, 2018, 37: 449-458.

[48] JEONG M G, KWAK W J, KIM J Y, et al. Uniformly distributed reaction by 3D host-lithium composite anode for high rate capability and reversibility of Li-O_2 batteries [J]. Chemical Engineering Journal, 2022, 427: 130914.

[49] LIN D, LIU Y, CHEN W, et al. Conformal lithium fluoride protection layer on three-dimensional lithium by nonhazardous gaseous reagent freon [J]. Nano letters, 2017, 17(6): 3731-3737.

[50] SONG H, DENG H, LI C, et al. Advances in lithium - containing anodes of aprotic Li-O_2 batteries: challenges and strategies for improvements [J]. Small Methods, 2017, 1(8): 1700135.

[51] LIU Y, LIN D, YUEN P Y, et al. An artificial solid electrolyte interphase with high Li - ion conductivity, mechanical strength, and flexibility for stable lithium metal anodes [J]. Advanced Materials, 2017, 29(10): 1605531.

[52] HASSOUN J, JUNG H G, LEE D J, et al. A metal-free, lithium-ion oxygen battery: a step forward to safety in lithium-air batteries [J]. Nano letters, 2012, 12(11): 5775-5779.

[53] SUO L, HU Y S, LI H, et al. A new class of solvent-in-salt electrolyte for high-energy rechargeable metallic lithium batteries [J]. Nature communications, 2013, 4(1): 1481.

[54] QIAN J, HENDERSON W A, XU W, et al. High rate and stable cycling of lithium metal anode [J]. Nature communications, 2015, 6(1): 6362.

[55] JIAO S, REN X, CAO R, et al. Stable cycling of high-voltage lithium metal batteries in ether electrolytes [J]. Nature Energy, 2018, 3(9): 739-746.

[56] CHOUDHURY S, WAN C T C, AL SADAT W I, et al. Designer interphases for the lithium-oxygen electrochemical cell [J]. Science Advances, 2017, 3(4): e1602809.

[57] HUANG Z, REN J, ZHANG W, et al. Protecting the Li - metal anode in a Li-O_2 battery by using boric acid as an SEI - forming additive [J]. Advanced Materials, 2018, 30(39): 1803270.

[58] DING F, XU W, GRAFF G L, et al. Dendrite-free lithium deposition via self-healing electrostatic shield mechanism [J]. Journal of the American Chemical Society, 2013, 135(11): 4450-4456.

[59] HE X, NI Y, LI Y, et al. A MXene - Based Metal Anode with Stepped Sodiophilic Gradient Structure Enables a Large Current Density for Rechargeable Na-O_2 Batteries [J]. Advanced Materials, 2022, 34(15): 2106565.

[60] LIN X, SUN Q, DOYLE DAVIS K, et al. The application of carbon materials in nonaqueous Na - O_2 batteries [J]. Carbon Energy, 2019, 1(2): 141-164.

[61] WANG A, HU X, TANG H, et al. Processable and moldable sodium - metal anodes [J]. Angewandte Chemie, 2017, 129(39): 12083-12088.

[62] WU S, QIAO Y, JIANG K, et al. Tailoring sodium anodes for stable sodium–oxygen batteries [J].

Advanced Functional Materials, 2018, 28(13): 1706374.

[63] MA M, LU Y, YAN Z, et al. In situ Synthesis of a Bismuth Layer on a Sodium Metal Anode for Fast Interfacial Transport in Sodium - Oxygen Batteries [J]. Batteries & Supercaps, 2019, 2(8): 663-667.

[64] ZHAO Y, GONCHAROVA L V, ZHANG Q, et al. Inorganic–organic coating via molecular layer deposition enables long life sodium metal anode [J]. Nano letters, 2017, 17(9): 5653-5659.

[65] SEH Z W, SUN J, SUN Y, et al. A highly reversible room-temperature sodium metal anode [J]. ACS central science, 2015, 1(8): 449-455.

[66] DILIMON V, HWANG C, CHO Y G, et al. Superoxide stability for reversible Na-O$_2$ electrochemistry [J]. Scientific Reports, 2017, 7(1): 17635.

[67] TANG S, QIU Z, WANG X Y, et al. A room-temperature sodium metal anode enabled by a sodiophilic layer [J]. Nano Energy, 2018, 48: 101-106.

[68] MA J L, MENG F L, YU Y, et al. Prevention of dendrite growth and volume expansion to give high-performance aprotic bimetallic Li-Na alloy-O$_2$ batteries [J]. Nature chemistry, 2019, 11(1): 64-70.

4 金属－空气电池电解液研究进展

4.1 电解液概述

电解液是化学电池、电解电容等使用的介质（有一定的腐蚀性），并为它们的正常工作提供离子。在电池设备中，电传导介质必不可少，其主要分为电子导体和离子导体两大类，作为电池四大组成部件之一的电解液属于离子导体。在空气电池中，电解液系统能够控制其实际电化学反应，对实现高性能金属－空气电池至关重要。

电解液是由电解质、基体溶剂和添加剂三部分组成的。其中，电解质的作用是提高电解液的导电率、稳定性等性能。电解质在电解液中质量占比小、经济成本占比大，因此电解质的选择决定了电解液的经济成本。基体溶剂的作用是使电解液获得较高的离子导电性，而添加剂的作用是有目的性地优化电解液的某个目标性能，如储存性能、库仑效率或者热稳定性等。一般来说，添加剂的占比不超过整体电解液质量或体积的 10%。

在金属－空气电池中，电解液是电池工作过程中金属离子和氧的运输介质。用于金属－空气电池的电解液应具有以下特点：（1）在富氧电化学条件下的高稳定性；（2）低黏度，支持离子快速传输，盐溶解度高；（3）对其他电池组件的高度调节；（4）无毒、经济适用。除此之外，对于柔性空气电池而言，电解液还须能够承受各种变形模式；否则，可能会引起安全问题。除了对电解液整体有相关性能要求外，特定的组成部分也有相关要求，具体内容如下。

（1）基体溶剂：基体溶剂为构成电解液的主体材料，通常应当具备高介电常数、低熔点、高稳定性等特点。

（2）电解质：电解质应具有优良的热及化学稳定性，特别是不与电池中任何物质发生反应，当电池在运行时自身形态也不产生变化；在基体溶剂中有着较高的电导率；在阴阳两极上形成的保护膜阻抗小。

（3）添加剂：电池的运行是一个串联过程，包括电极反应与电解液的电流传输，所以其中必然存在着某个快速步，而电解液在性能不佳的情况下就很可能成为快速步进而影响电池的放电表现。此时人们经常会在其中加入少量药品，以便能有目的地优化某个目标性能，如储存性能、库仑效率或者热稳定性等，这些能够起到上述作用的物质便是所谓的添加剂。其特点是用量少、效能大，可以在有限的成本提升上，显著地增加电池运行性能。根据添加剂的功能可大致分为提高放电性能、储存性能等方面。

一般来说，电解液可以按照基体溶剂的物理性质不同分为液态电解液和固态电解质两类。与固体电解质相比，液体电解液的优点有：具有不可燃性，毒性小，价格便宜，离子导电性高，需求简单和生产环境相对不严格。

4.2 液态电解液

根据操作体系的不同，液体电解液一般分为水系电解质溶液和非水系电解质溶液。在金属 – 空气电池中，如果以电极电位较负的金属如镁、铝、锌、汞、铁等作负极，以空气中的氧或纯氧作正极的活性物质，那么电解液一般采用水系电解液。但如果电极是锂、钠、钙等电极电位更负的金属，因为这些金属可以与水反应所以电解液需要更换为非水的有机电解质如耐酚固体电解质或无机电解质。

4.2.1 水系金属 – 空气电池电解液

金属 – 空气电池根据水系电解液 pH 值的不同可分为碱性、中性、酸性金属 – 空气电池，且在不同电解液中，金属 – 空气电池性能也不同。

1. 水系锌 – 空气电池电解液

对于锌 – 空气电池来说，水系电解液最常见的类型是水溶液电解质，具体可分为碱性、中性和酸性水溶液三类，其中碱性水溶液电解质的应用最为广泛，通常为氢氧化钠或者氢氧化钾水溶液，而中性电解质水溶液的应用则最为久远，酸性水溶液通常包括硫酸、磷酸、硝酸、盐酸以及甲磺酸电解质等，不过因为酸性物质容易引起空气电极的催化剂失活，故而通常很少用于锌 – 空气电池[1]。

在碱性水溶液中，KOH 电解质因其具有较低的黏度、更高的氧扩散系数、更好的离子电导率等优点而应用广泛[2]。离子电导率可以通过增加 KOH 的浓度来提升，然而，高浓度的 KOH 会导致黏度的增加和 ZnO 的形成。Hwang 等人研究了不同 KOH 浓度（2~8M KOH 溶液）对锌 – 空气电池性能的影响，表明 4M KOH 溶液对 Zn 阳极的缓蚀效果最佳，而 6.0M KOH 溶液因其高电导率也被认为是适宜浓度[3]。然而碱性电解液锌 – 空气电池的实际应用仍面临着枝晶生长、阳极自腐蚀、表面钝化以及电解液碳酸化等问题，其中电解液碳酸化和相关副作用是碱性锌 – 空气电池的主要问题。周围环境中的 CO_2 与电解液中的 OH^- 发生反应并形成 CO_3^{2-}，可能引起不溶性碳酸盐的沉淀，从而阻塞空气阴极的活性位点而导致性能下降。此外，CO_3^{2-} 的增加降低了电解液的离子电导率，电解液的黏度增大使 O_2 的扩散复杂化。Schröder 等人为解决碳酸化的负面影响，向高摩尔的碱性电解液中添加碳酸钾（K_2CO_3），对不同浓度 KOH 和 K_2CO_3 混合电解液进行电化学测试以及离子电导率的测量，电导率测试结果如图 4-1（a）所示[4]。测试结果表明，在高摩尔 KOH 电解液中添加 28.6mol% 的 K_2CO_3 较为适宜。

相比于碱性电解液，中性电解液由于缺乏 OH^-，碳酸化作用减弱；且 Zn 在非碱性溶液中的溶解不会产生稳定的 ZnO 钝化膜，因此中性电解液的使用能够解决电解液碳酸化以及溶液表面钝化的问题，但由于在锌 – 空气电池中，水分子参与空气正极的 ORR 与 OER 反应，导致电解液中的 pH 值随电池的充放电状态而改变，因此通常在电解液中添加 pH 值缓冲剂来使电解液的 pH 值保持在接近中性的状态，例如在 $ZnCl_2$ 电解液中，通常使用 NH_4Cl 和 NH_4OH 作为 pH 值缓冲剂。然而，与碱性电解质相比，中性电解质会抑制催化剂的活性并且表现出较低的离子电导率，限制其实际应用。Sun 等人采用三氟甲磺酸锌［$Zn(OTf)_2$］作为电解质并提出了一种高度可逆的 $Zn-O_2/ZnO_2$ 电化学反应，为开发近中性锌 – 空气电池体系提供了新思路[5]。因此选择合适的电解液，并使用有效的电解液添加剂进行相关改性被认为是控制锌阳极溶解、调节锌酸盐离子沉积和阻碍枝晶生长的有效途径。

2. 水系镁 – 空气电池电解液

与水系锌 – 空气电池相比，水系镁 – 空气电池由于其在水系电解液中的非可充电特性以及严重的自腐蚀，受到的关注较少。但其理论电压（3.1V）以及比能量（6800Wh·kg^{-1}）较高，仍具有广阔的发展前景。阻碍镁 – 空气电池大规模实际使用的问题是电池极化较大，容量损失大以及负极利用率低，究其原因在于镁的自腐蚀以及氧还原的动力学反应缓慢。镁 – 空气电池在放电过程中，镁负极生成 $Mg(OH)_2$ 沉积在负极表面，阻碍 Mg 的充分利用。除此之外，Mg 的负差效应（negative difference effect, NDE）将进一步加剧 Mg 的自腐蚀。镁阳极的自腐蚀和产物沉积与电解液成分密切相关。水系镁 – 空气电池常使用中性电解液，氯化物、硝酸盐 / 亚硝酸盐和硫酸盐等已被用作中性电解液的主要成分，而电解液添加剂可作为降低水系镁 – 空气电池阳极自腐蚀及消除表面钝化的有效手段，包括无机添加剂、有机添加剂[6]。例如 Gore 等人发现在 0.1M NaCl 电解液中添加少量的 $InCl_3$ 可减轻 Mg 的 NDE 效应[7]；Oehr 等人于 2014 年报道了二硫代缩二脲、锡酸盐、季铵盐或锡酸盐与季铵盐的混合物作为电解液添加剂改善了镁 – 空气电池的放电性能[8]。

3. 水系铝 – 空气电池电解液

水系铝 – 空气电池的电解液分为酸性电解液、碱性电解液和中性电解液，其中最常用的水溶剂电解液主要包括盐酸（HCl）、氢氧化钠（NaOH）、氢氧化钾（KOH）、氯化钠（NaCl）和海水。自 20 世纪 90 年代以来，开始使用 pH 值低于 7 的酸性水溶液作为铝 – 空气电池的电解质。80 年代以来，一些专家学者开始研究碱性电解液作为铝 – 空气电池电解液的可能性。对于碱性电解液，常用的溶液是 KOH 和 NaOH，同浓度的 KOH 溶液比 NaOH 溶液表现出更负的电位，但由于 KOH 溶液的腐蚀速率比较快，降低了放电效率，因此大部分研究都倾向于使用 NaOH 溶液作为碱性电解质。在 NaOH 溶液中，纯 Al 阳极获得的开路电位为 1.5V；对于 Al 合金，在相同的 NaOH 浓度下，与其他活性金属元素相比，添加 Zn 元素的合金电位值最高。自 20 世纪 70 年代以来，一些专家学者开始使用中性盐溶液作为铝 – 空气电池的电解液。NaCl 溶液是铝 – 空气电池中常用的中性电解液。一般来说，当 NaCl 浓度增加时，铝 – 空气电池的开路电位值也增加；随着温度的升高，其开路电位值也增加。

早在 20 世纪 60 年代，Trevethan 和 Zaromb[9] 等便研究论证了碱性铝 – 空气电池的可行性，时至今日，碱性铝 – 空气电池仍是主流研究方向。常用的碱性电解质为 KOH 和 NaOH，但使用 NaOH 电解质时，产生的 $Al(OH)_4^-$ 容易转化为 $Al(OH)_3$ 沉积，难以清理，影响电池性能。Mohamad 使用不同浓度 KOH 溶液作电解液对铝 – 空气电池进行恒流放电测试，放电曲线如图 4-1（b）所示 [10]，结果发现，当 KOH 浓度为 $0.6mol \cdot L^{-1}$ 时，分别得到 $105.0mAh \cdot g^{-1}$ 的容量密度和 $5.5mW \cdot cm^{-2}$ 的功率密度。当 KOH 浓度超过 $0.6mol \cdot L^{-1}$ 时，电池的容量逐渐下降，这是因为 OH^- 浓度升高会加速 Al 的腐蚀，并指出铝 – 空气电池性能下降主要原因是铝腐蚀。Wang 等人设计了一种双层电解质结构铝 – 空气电池（DEAAC），两层电解质之间用阴离子交换膜隔开，电解液溶质为 KOH，溶剂为水和 CH_3OH，阳极侧电解液使用 CH_3OH 作溶剂，目的是解决阳极 Al 腐蚀的问题，其结构示意图如图 4-1（c）所示 [11]。实验结果表明，双层电解质铝 – 空气电池阳极明显优于传统结构铝 – 空气电池，阳极体积容量密度高达 $6000mAh \cdot cm^{-3}$。

但是在不同酸碱度的电解液体系中，铝 – 空气电池面临着不同的问题。碱性电解质中，空气阴极和铝阳极极化均较小，阳极上形成的 $Al(OH)_3$ 钝化膜很薄，阳极生成物为偏铝酸钠，易溶于水，不易在电极表面生成絮状沉淀物，电极反应顺利，放电性能好，电流很大。但是铝阳极在碱性电解质中自腐蚀较为严重。中性电解质中，虽然自腐蚀速率降低，但是铝阳极反应的产物为 $Al(OH)_3$，不溶于水，生成絮状沉淀，降低溶液电导率，内阻增加，输出功率下降，而且容易沉积在电极表面生成氢氧化铝膜，加大了离子扩散难度，引起阳极钝化。因此需要对氢氧化铝进行处理，常用的方法有定期更换电解质、合理设计使电解质循环、扰动电解质或向电解质中添加使氢氧化铝聚沉的物质等。碱性电解液中的阳极自腐蚀、中性及酸性电解液中的阳极表面钝化和阴极催化剂活性低等问题会严重影响电池的整体能量密度。通过添加结合表面活性剂 + 金属氧化物 / 无机盐离子的混合添加剂，能有效提升碱性水系铝 – 空气电池的利用率。

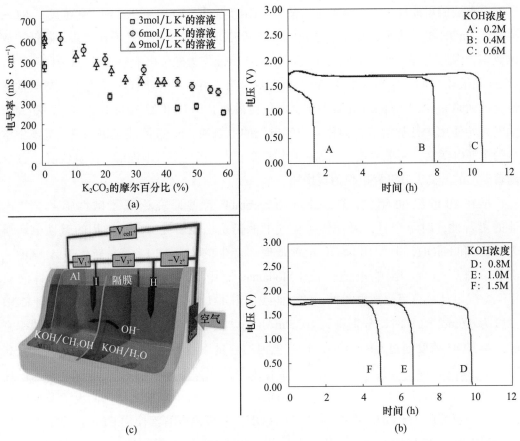

图4-1　（a）不同浓度KOH和不同添加含量K₂CO₃电解液的锌空电池离子电导率测量[4]；
　　　　（b）不同浓度的KOH-HPG电解质的铝空电池在0.8mA·cm⁻²下的放电曲线[10]；
　　　　（c）双层电解质结构铝-空气电池装置示意图[11]

4.2.2　非水系金属-空气电池电解液

非水系金属-空气电池如锂-空气电池、钠-空气电池和钾-空气电池的最新发展引起了研究人员的注意。金属-空气电池常用的非水系电解液体系是基于砜、醚和酰胺的电解液，与水体系相比，它能承受更宽的电化学窗口，因此，储能装置的能量密度有了显著的提高。在各种电解质体系中，四乙二醇二甲醚三氟化锂（TEGDME）由于其相对稳定性和低挥发性，具有较好的电化学性能和相对稳定性，有利于制备柔性金属-空气电池。由于钾和钠的成型工艺困难，非水金属-空气电池的研究主要集中在柔性锂-空气电池上。虽然以砜、醚和酰胺为基础的电解质与水体系相比具有更宽的电化学窗口，但当电池在高电位下工作时，这些电解质的稳定性也值得商榷。离子液体是一种低温熔盐，由于其不可燃性、热稳定性好、氧化电位高、工作电位窗口宽等优点，也被用作金属-空气电池的新型电解质。然而，金属的动力学缓慢；此外，成本也是限制其在金属－空气电池中广泛应用的另一个问题。虽然非水性液体电解质在制造柔性金属－空气电池方面表现出一定的优势，但由于电池工作在一个开放系统中，泄漏问题应该被考虑在内。而且，当电池长期处于频繁的弯曲、扭转等变形模式下时，泄漏问题会更加严重。

1. 非水系锂－空气电池电解液

非水系锂－空气电池电解液是由有机溶剂和锂盐组成的，其中可能还含有必要的功能添加剂。与锂离子电池电解液作用类似，非水系锂－空气电池电解液为电池反应提供了反应场所，其中锂离子是不可或缺的离子载流子，与外电路的电子一起构成了闭合电路。电解液系统能够控制空气电池的实际电化学反应，因此对于实现高性能金属－空气电池至关重要。然而相比于阴、阳极材料，目前国内外对电解液系统的研究相对较少。因此从电解液体系入手改善水系金属－空气电池性能具有巨大的研究潜力。几乎所有的金属－空气电池都面临着阳极材料自腐蚀、表面钝化以及阴极氧气还原反应动力学迟缓的问题。选用合适的电解液添加剂能够作为解决阳极自腐蚀及表面钝化问题的有效方法。机器学习及量子化学计算等方法将有助于快速筛选有效的添加剂并解释其工作原理。

锂盐是非水系锂－空气电池电解液中不可或缺的组成部分，起到提供 Li^+ 载流子的作用。由于电解液电导率最大值一般出现在 1.0M 浓度锂盐附近，故电解液中锂盐浓度通常为 1.0M。在锂－空气电池中常用的锂盐有：六氟磷酸锂（$LiPF_6$）、三氟甲基磺酸锂（$LiCF_3SO_3$）、双（三氟甲基）磺酰亚胺锂（LiTFSI）、四氟硼酸锂（$LiBF_4$）、高氯酸锂（$LiClO_4$）、硝酸锂（$LiNO_3$）、溴化锂（LiBr）和双（草酸）硼酸锂（LiBOB）等。

常见的有机电解液有碳酸酯类、醚类、砜类、酰胺类等，它们对 O^{2-} 稳定性有一定的差异。碳酸酯类电解液因具备沸点低、对锂盐溶解性好、导电性优良等优点，在锂－空气电池发展阶段被广泛应用，近几年内仍被持续研发。常见的碳酸酯类电解液有碳酸乙烯酯/碳酸二甲酯（EC/DMC）、含有可溶性锂盐的碳酸丙烯酯（LiTFSI/PC）、碳酸乙烯酯/碳酸二乙酯（Ec/DEc）等。但随着深入研究，碳酸酯类电解液的缺点日益显露出来，其在反应过程中不稳定，同时伴随着大量的副反应发生；经透射电子显微镜（TEM）、傅里叶变换红外光谱（FTIR）、拉曼光谱及 X 射线衍射（XRD）、X 射线光电子光谱（XPS）等手段检测出生成的产物中含有 CO_2、Li_2CO_3、RO—（C=O）—OLi 和极少量的 Li_2O_2。碳酸酯类电解液的分解会进一步影响 Li_2O_2 的储存位点，堵塞气体扩散电极的孔道，大大地降低电池的可逆性以及电学性能。

接着研究人员们把目光投向了其他电解液。醚类是目前最常用的电解液之一。以四乙二醇二甲醚（TEGDME）为代表的醚类电解液虽然也被证实会发生分解，但是其稳定性远远优于碳酸脂类电解液。在此电解液的基础上，锂氧气电池取得了许多突破。美中不足的是醚类电解液相对非极性的特点使其只能溶解较低浓度的锂盐，且自身黏度较大。

这些问题导致了使用醚类电解液的锂氧气电池倍率性能比较差。而且，使用醚类电解液的电池的放电产物呈薄膜状，放电容量非常小。因此醚类化合物虽比碳酸酯类化合物更能提升锂 – 空气电池的循环性能，但其亦具有分解性，电解液中的初始放电产物 Li_2O_2 会与 CO_2 和 O_2 反应生成 Li_2CO_3 等副产物，同时伴随着有机锂盐的产生。除此之外，电解液中溶氧量和传导 Li^+ 的能力均会缓慢下降，最终降低锂 – 空气电池的循环性能。

砜类化合物因具备沸点低、黏度低、溶氧量高，以及对 O_2 有很好的稳定性等优点，逐渐受到人们的青睐，且砜类电解液的电学性能优良，有利于反应可逆性。目前已证实环丁砜（TMS）的电化学稳定性及电化学窗口均高于 TEGDME 和 N, N- 二甲基甲酰胺（DMF）及 PC，具备了理想电解液溶剂应该有的特点之一。但砜类电解液仍不能完全避免分解问题，有机电解液锂 – 空气电池的放电电压在 2.7V，而充电电压可高达 4~4.5V。当充电电压高于 3.8V 时，某些以砜类化合物，如乙基甲基砜（EMS）、TMS 等为电解液的锂 – 空气电池的放电产物均会含有极少量的 Li_2CO_3。由于溶剂对放电产物和中间体的不稳定性，使得放电产物产率一般很低，寻找稳定的溶剂极为紧迫。稳定的溶剂应该无 α-H 和双键，利用甲基等基团，通过增加溶剂 α-C 的位阻效应，虽然可以增加溶剂的亲核进攻稳定性，但还需考虑锂盐的溶解度、电解液的挥发性。合格的溶剂是抗氧化性、电导率、饱和蒸汽压、溶氧量、氧气扩散速率等综合考虑的结果。经过研究，人们发现非质子溶剂的供体数（DN）越大，放电产物越容易通过溶液放电路径形成圆饼状放电产物，放电容量也越大。DN 值是一个衡量溶剂溶解阳离子的能力和其路易斯酸性的参数。在锂 – 氧气电池中，DN 值可以反映出对 Li^+ 的溶解能力。DN 值高的溶剂对 Li^+ 有较强的溶剂化作用，可以稳定 Li^+ 离子对，有助于 $Li-O_2$ 电池产物的溶液相生长，实现大放电容量。与之相反，使用 DN 值低的溶剂的锂氧气电池倾向于以表面生长机制形成薄膜状的产物，放电容量较小。这一结论为锂氧气电池中溶剂的选择以及反应路径的控制提供了理论支撑。二甲基亚砜（DMSO）和 N, N- 二甲基乙酰胺（DMAc）都具有高于 TEGDME 的 DN 值，也在锂氧气电池中获得了广泛的应用。然而，这两者对锂金属的稳定性都比较差。对于这两种电解液，锂盐的选取与浓度设置至关重要。大量的研究表明，通过锂盐成分和浓度优化，可以在锂金属表面产生特定成分的固态电解质界面（SEI）层，从而起到稳定锂金属的效果。

酰胺类电解液与砜类电解液物理性能相近，且对 O^{2-} 的稳定性更加优良，具备更强的抗氧化能力。常见的酰胺类电解液有双（三）氟甲磺酰、亚胺锂（LiTFSI）和二甲基乙酰胺（DMA）等。但酰胺类电解液仍有两方面的缺陷：一方面酰胺类电解液与锂不能很好地相容，这将极大地降低 Li^+ 在电解液中的传输速率，影响充放电反应的进行，不过目前已有减缓两者的不相容性、提升酰胺类电解液稳定性的方法；另一方面，随着循环次数的增加，酰胺类电解液的稳定性逐渐降低，使锂 – 空气电池的放电保持率降低，进而影响其电化学性能。但在酰胺类电解液中加入少量的砜类化合物可极大提升性能。

在非水体系锂 – 空气电池中，有机电解液体系仍存在一定的问题有待解决。一方面有机电解液在空气电极一侧的挥发目前还无法完全避免，电解液自身存在分解现象，致使锂 – 空气电池的循环效率和循环寿命欠佳；另一方面，由于电池反应产物 Li_xO_y 不溶于电解液，因此会在空气电极孔道中进行沉积，长时间放电后会导致 O_2 孔道堵塞以及覆盖催化活性点，引起电池过早失效，同时，如果电池过长时间暴露在空气中，空气中的微量水分会不断向负极扩散，并最终对金属锂负极造成腐蚀。近日，波士顿学院王敦伟教授课题组 [12] 首次提出并证明将 WiS（water-in-salt）体系应用于锂 – 空气电池可以在保证电导率和氧气溶解度的同时很好地抑制活性氧物质中间体对电池电解液的攻击，大大减少了反应副产物的产生，有效地提高了锂空电池的循环寿命，最高可达 300 次，其反应示意图及其电化学性能可见图 4-2（a）（b）。WiS 电解液不含有机小分子，由超高浓度的 LiTFSI [双（三氟甲磺酰）亚胺锂] 水溶液组成。其中，少量的水分子被锁在锂盐周围，无法自由移动，其反应活性因此大大降低，几乎不与体系中的活性氧反应。此外，通过了解电解质中锂离子的精确配位环境，我们可以将其直接与实现锂金属电极界面的电解质稳定性联系起来，从而提高实际电池性能。一研究小组使用了溶剂、盐和离子液体的不同配方，并发现添加离子液体使他们能够获得更好的稳定性结果。

疏水性离子液体（IL）的提出为锂 – 空气电池电解液提供了一种新的可能性，它具有比传统的有机电解液更多的优势，除了蒸汽压低到可以忽略、电导率高、不可燃烧外，还可以通过阴阳离子的设计调节其对无机物、水、有机物及聚合物等的溶解性，疏水性好，电化学窗口较宽。由于 N 原子约束了烷基，使得烷基不易受到 O_2^- 的攻击而导致脱离，因此 IL 具有很好的稳定性。Soavi[13]，Mizuno[14] 的研究表明，在截止电压为 2.6V，电流密度为 $0.02 \sim 0.05 mA \cdot cm^{-2}$ 时，LiTFSI/N- 丁基 -N- 甲基吡咯烷双（三氟甲磺酰）亚胺的比容量高于 $2500 mAh \cdot g^{-1}$，充电电位低于 3.8V，充电效率超过 90%。使用 N- 甲基 -N- 丙基双（三氟甲磺酰）酰胺时，充电电位仅为 3.3V，充放电电位差仅为 0.75 V，充电产物几乎不会释放 CO_2。与此同时，IL 的劣势也显而易见：黏度大，电极表面不能足够润湿，传质的阻力过大，锂盐在 IL 溶解后使得离子液体易受湿度影响而使锂 – 空气电池的寿命降低。IL 溶解氧气的能力很差，故其产生的比容量并不大，且价格贵，制备过程不成熟。

现今单一的电解液都无法完全具备锂 – 空气电池所要求的性能，故研究人员开始把目光转向有机混合电解液以及电解液添加剂。混合电解液最成功的例子在锂离子电池中。这种电解液由两种以上成分混合，并组合各成分的优点，有时能够呈现协同效应。较早的一次尝试是 Xu 等 [15] 混合了 PC 和 EC 溶剂体系，研究表明该体系在 PC/EC 的质量比 7：3~2：8 及 LiTFSI 的浓度 $0.7 \sim 1.0 mol \cdot L^{-1}$ 范围内具有较为平坦的最大放电容量，而且有利于电池的稳定性。Cecchetto 等 [16] 按体积比 1：1 混合了 IL 和醚类电解液 PYR_{14}-TF-SI/TEGDME，结果表明混合体系相比 TEGDME 电导率提高 4 倍，充电过电势降低 500mV；混合体系的电化学氧化稳定电位接近 4.8V，如图 4-2（c）所示，而一般

IL 的电化学氧化稳定电位低于 4.5V。Herranz 等 [17] 将 1- 丁基 -1- 甲基吡咯烷鎓双（三氟甲基磺酰）亚胺与 PC 混合，所得体系的稳定性和电导率均比单一电解液有所提高。

液相催化剂用于促进 Li_2O_2 均匀快速地氧化分解。液相催化剂（Liquid catalyst）也可以称为可溶性催化剂（Soluble catalyst）或均相催化剂（Homogenous catalyst），基于其在催化过程中是否作为电荷载体，在电极和放电反应物 / 充电反应物之间进行电荷转移，我们可将其分为非氧化还原型催化剂和氧化还原介体（Redox mediator）。

而陈婉琦等 [18] 采用双氟磺酰亚氨锂 – 双氟磺酰亚氨钾 – 双氟磺酰亚氨铯（LiFSA-KFSA-CsFSA）（LKC）三元无机熔融盐作为锂 – 空气电池电解质。结果表明，LKC 熔融盐具有高离子电导率，电化学性质稳定。LKC 熔融盐电解质为无机物，不含碳元素，不会燃烧，同时避免了在电池的循环过程中由电解质分解导致副产物碳酸锂的生成。LKC 熔融盐基锂 – 空气电池在 $50mA \cdot g^{-1}$ 的电流密度下，电池首圈放电容量为 $4258mAh \cdot g^{-1}$，充电平台为 3.83V，库仑效率约为 95%，如图 4-2（d）所示，优于一般有机电解液基锂 – 空气电池。

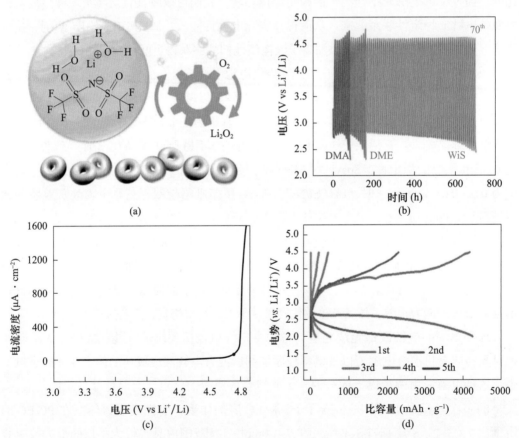

图4-2 （a）（b）WiS在锂–空气电池中的反应机理示意图及其电化学性能[12]；

（c）无氧条件下离子液体电解质的电化学稳定性窗口[16]；

（d）LKC熔融盐电解液锂–空气电池不同循环圈数的充放电曲线[18]

2. 非水系钠 – 空气电池电解液

对于钠 – 空气电池来说，电解质的稳定性是目前碱金属氧气电池发展面临的严峻挑战。理想的电解质应能够耐受电池的高氧化环境，以实现较长的循环寿命，并促进放电产物的可逆形成和分解。电解质不仅影响氧还原和析氧反应机制，而且影响放电产物的化学成分以及电池的可逆性[19]。钠 – 空气电池中常用的电解质主要可分为两大类——碳酸酯类电解液与醚类电解液。碳酸酯类溶剂由于其高稳定性和低挥发性而成为非水系空气电池的常用溶剂。因此，与 $Li-O_2$ 电池系统类似，早期对 $Na-O_2$ 的研究是使用碳酸酯类电解液进行的。然而随着研究的不断深入发现，当碳酸酯类电解液应用于 $Li-O_2$ 电池时，在充放电的反应中不稳定，会发生部分分解，其主要原因在于放电过程中产生的 O_2^- 中间体对碳酸酯发起亲核进攻。对于钠 – 空气电池来说，也会发生与 $Li-O_2$ 电池类似的反应，并在空气电极处产生 Na_2CO_3 和其他有机碳酸盐产物。考虑到钠 – 空气电池在干燥空气中循环，Na_2CO_3 的部分来源也可能归因于干燥空气中排出的 Na_2O_2 和 CO_2 之间的化学反应[20]。产生的碳酸盐等物质将钝化正极，严重影响电池的性能与寿命。因此更多的研究转向了醚类电解液。

Lutz 等人通过比较不同链长的甘醇二甲醚，发现溶剂的选择对电池性能有巨大影响。实验过程中 $Na-O_2$ 电池的性能、放电曲线和容量是在三种醚类物质中记录的，分别为乙二醇二甲醚（DME）、二甘醇二甲醚（DEGME）和四甘醇二甲醚（TEGDME），且甘醇二甲醚链长不断增加[21]。与 $Li-O_2$ 电池相比，放电产物 NaO_2 溶解度增高不一定会导致容量增加。长链醚类分子中的强溶剂 – 溶质相互作用将 NaO_2 的形成移向表面过程，导致亚微米微晶的形成，放电容量低（约 $0.2mAh \cdot cm^{-2}$）。相反，短链醚类分子促进去溶剂化，可促进大立方晶体的形成（约 $10\mu m$），实现高容量（约 $7.5mAh \cdot cm^{-2}$），如图 4–3（a）所示。而后续 Vitoriano 等人的研究表明 DME 由于其电荷屏蔽作用较弱，去溶剂化能垒更难克服，相比于其他溶剂更不稳定。DEGDME 在钠 – 空气电池中，低盐浓度或低倍率高盐体系下是优选的溶剂。三种溶剂理化性质对比图可见图 4–3（b）[22]。

虽砜类电解液如二甲基亚砜（DMSO）对于金属钠本身的化学活性极强，一般不用作钠 – 空气电池的电解液，但是特殊的电解液组成及电池结构设计也能使其发挥出优异的性能。稳定超氧化物（O_2^-）是钠 – 空气电池的关键问题之一，与过氧化物（O_2^{2-}）和氧化物（O^{2-}）相比，超氧化物基放电产物（NaO_2）更易实现 $Na-O_2$ 电池的可逆优异性能。Dilimon 等人报道称钠盐阴离子和溶剂分子的路易斯碱度（均以供体数（DN）定量表示）决定了超氧化物的稳定性，从而决定了 $Na-O_2$ 电池的可逆性。该团队将三氟甲磺酸钠（$CF_3SO_3^-$）/ 二甲亚砜（DMSO）作为高 DN 对电解质体系，构建了 $Na-O_2$ 电池[23]。不同溶剂和阴离子的 DN 图见图 4–3（c）。放电期间使用预钠化锑代替金属钠作为阳极，因为 DMSO 会与金属负极发生反应，高 DN 阴离子 / 溶剂对（$CF_3SO_3^-$/DMSO）使得超氧化物具有优异的稳定性，$Na-O_2$ 电池具有良好的可逆性。

电极液中的盐作为电解液的必要成分，对电池的性能影响极大。Lutz 等人系统地研究了钠盐阴离子对 $Na-O_2$ 电池性能的影响。为说明各种溶剂中的溶剂 - 溶质相互作用，使用 ^{23}Na-NMR 来探测不同阴离子（ClO_4^-、PF_6^-、OTf^-、$TFSi^-$）存在下的 Na^+ 环境[24]。在强溶剂化溶剂，如 DMSO 中，阴离子对 Na^+ 影响较小。在弱溶剂化溶剂（如 DME）中，阴离子 $ClO_4^- < PF_6^- < OTf^- < TFSi^-$ 相互作用的增加确实可以由于接触离子对的形成而稳定 Na^+，其相互作用顺序如下：$ClO_4^- < PF_6^- < OTf^- < TFSi^-$。然而，通过在 $Na-O_2$ 电池中使用这些电解质，证明了从弱相互作用阴离子 ClO_4^- 改为 $TFSi^-$ 并不会提高电池性能。该团队发现固体电解质界面（SEI）稳定性对钠盐的选择有很强的依赖性。通过电解质的物理性质与 SEI 化学成分的关联，揭示了阴离子在 SEI 形成过程中的关键作用。通过循环 NaTFSi 电池进一步确定了长期稳定性的显著差异和后果，其中使用 NaTFSi 的电解质对金属钠有害，使用 NaOTF 和 $NaClO_4$ 会使钠 – 空气电池在短期内呈现稳定性，当电解液为 $NaPF_6$/DME 时，钠 – 空气电池可实现高效率与高性能。总而言之，溶剂的选择和盐浓度对电池的性能具有极大的影响，对于每一种电池体系需具体分析，对症下药。

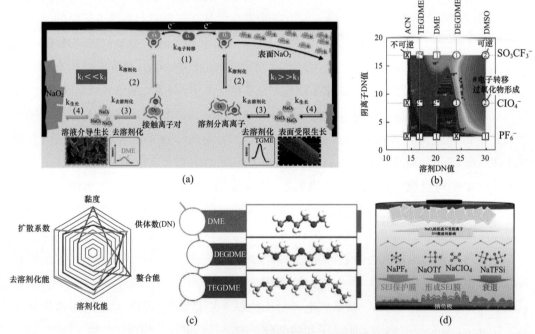

图4-3　（a）$Na-O_2$电池放电期间在醚类溶剂中的氧还原机制概述[21]；

（b）DME, DEGDME, TEGDME三种溶剂理化性质对比图[22]；

（c）2D DN 图上超氧化物形成的标准速率常数的等高线图，Gutmann的DN

值和Linert的DN值分别用于溶剂和阴离子[23]；

（d）DME与不同阴离子组成的电解质中钠SEI的形成机制[24]

3. 非水系铝 – 空气电池电解液

非水系电解液在铝 – 空气电池中的使用还处于初期阶段，此类电解液避免了析氢腐蚀，提高了阳极材料的放电效率，还具有避免电解液的泄漏、减小电池体积使其便于携带等优点。非水溶剂电解液主要可分为两大类：离子液体电解液和聚合物电解液。离子液体电解液主要由有机离子组成，与含水电解液相比，离子液体电解液具有非挥发性、热稳定性、低毒性、溶解性好等优点，并且可以在很大程度上避免析氢腐蚀。氯铝酸盐离子液体被认为是用于电沉积铝的第一代离子液体，采用 AlCl$_3$ 离子液体作为铝 – 空气电池的电解液时，当放电密度为 0.1mA·cm^{-2} 时，电池的容量为 71mh·cm^{-2}，与锂 – 空气电池的电容量相近，比锂离子电池高 5~10 倍[25]。而 Gelman 提出了一种新型非水系电解液铝 – 空气电池，该电池采用 1- 乙基 -3- 甲基咪唑低聚氟氢化物 [EMIm(HF)$_{2.3}$F] 室温离子液体（RTIL）作为电解液，铝 – 空气电池可以维持高达 1.5mA·cm^{-2} 的电流密度，产生超过 140mAh·cm^{-2} 的容量，如图 4-4（a）所示，利用率超过理论铝容量的 70%，相当于 2300Wh·kg^{-1} 和 6200Wh·L^{-1} 的出色能量密度[26]。且在研究中发现 Al 离子迁移到空气电极，在空气电极观测到 Al$_2$O$_3$ 作为氧还原的电池放电产物。该团队于 2017 年针对 EMIm(HF)$_{2.3}$F 离子液体电解液进行了进一步的研究，讨论了开路电位和放电条件下对电池组件的影响，其不同状态下 Al 阳极表面以及空气电池表面的 SEM 可见图 4-4（b）~（f）[27]。利用电化学测试、SEM，XRD 等表征探究了所涉及的界面和过程。经过深入研究，铝 – 空气电池放电初始阶段出现的运行电压降（"dip"）已得到解决。此外，Al 阳极与低聚氟氢化电解质相互作用，在 Al 表面形成 Al-O-F 层，从而使 Al 阳极活化并降低腐蚀速率。

电解质添加剂对铝阳极材料的影响很大，通过电解质添加剂可以减少铝阳极的自腐蚀，提高阳极利用效率，并且可以使阳极材料保持活性。另外，电解质添加剂具有成本较低、可以广泛使用、来源丰富等特点。因此，近些年很多专家学者对电解质添加剂进行了研究。有机电解质添加剂近些年来也得到了发展。在酸性电解质中，Fares 等[28-29]分别研究了抗生素环丙沙星和果胶添加剂的作用，发现环丙沙星和果胶可以增加阳极材料的活化焓和熵；Deng 等[30] 将迎春花叶片提取物作为电解质添加剂；Sharma 等[31] 将枣果实提取物作为电解质添加剂，得出添加剂浓度越高电池性能越好的结论。在中性电解质中，Rodic 和 Milosev 等[32] 发现，乙酸铈是一种比无机铈盐有效的耐腐蚀添加剂；Qafsaoui 等人研究了 1- 吡咯烷二硫代氨基甲酸酯作为纯铝合金的电解液添加剂，发现此添加剂对纯铝的腐蚀性能影响不大，但对铝合金的腐蚀有很强的抑制作用[33]；Halambek 等人在 3% NaCl 溶液中采用月桂树油的乙醇溶液作为腐蚀抑制剂，他们发现这种抑制剂为铝合金提供了良好的保护，并有助于防止铝合金表面的点蚀[34]。在碱性电解质中，Geetha 等人研究了茄属植物叶的提取物作为铝腐蚀抑制剂在 1mol·L^{-1} NaOH 溶液中的作用，发现抑制效率可达到 94%，随着提取物浓度的增加，缓蚀效果越明显[35]。

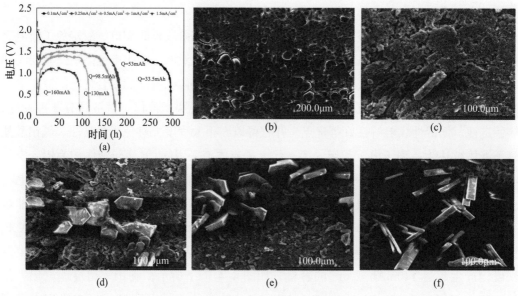

图4-4 （a）RTIL电解质铝空电池在不同电流密度下的放电曲线[26]；
（b）铝阳极在低聚氟氢化电解质中在开路电位浸泡24h后的SEM图；
（c）~（f）不同放电状态下（0.5mA·cm⁻²）铝-空气电池阴极表面的
SEM图：25%，50%，75%，100%[27]

4.3　固态电解质

金属 - 空气电池普遍存在着电解液挥发的问题，而用固态电解质代替电解液可以有效地解决金属 - 空气电池中电解液的挥发问题。固态电解质的发展已有百年之久，法拉第在 1833 年首次在 Ag_2S 中发现了离子传导现象，并提出了著名的法拉第定律。之后，人们发现卤化锂具有传递锂离子的功能，至此开始了固态锂电池的开发。20 世纪 60 年代，学者们在含氧化铝的陶瓷基中发现钠离子传输现象，将其作为钠硫电池的电解质时，电池的比能量是铅酸电池的 3~4 倍，这是固态电解质发展历史上的首个里程碑。相比于传统液态电解质，固态电解质热稳定性好，安全性高，没有漏液危险，并且能有效抑制金属枝晶生长，具有很大的发展潜力。1973 年，Fenton 等人在聚环氧乙烷（PEO）中发现了离子传输现象，使得对固态电解质的研究不仅限于无机材料，各种有机聚合物材料也开始被研发应用[36]，而且该材料后来被 Armand 等人在锂电池中成功地实现了商用[37]。基于聚合物电解质的固态电池研究开始成为主流。以法国博洛雷公司为代表的聚合物电解质支持者已经将 PEO 基聚合物电解质在固态电池中实现了商用，成功应用于Autolib 四座小型汽车[38]。在 1980 年到 2007 年之间，许许多多具有更高离子电导率的电解质被开发出来，比如具有钠离子快导体（NASICON）结构的 $Li_{1.3}Al_{0.3}Ti_{1.7}（PO_4）_3$、反钙钛矿结构的 $Li_{0.34}La_{0.5}1TiO_{2.94}$、LiPON、石榴石结构的 $Li_7La_3Zr_5O_{12}$。但是 1990 年之后碳酸酯类有机电解液成功商用，减缓了固态电解质发展的步伐。这一现状一直到 2011 年硫化物电解质 $Li_{10}GeP_2S_{12}$ 展示出比液态电解液还高的离子电导率才发生改变，再一次重新点燃了人们对固态电解质的热情 [39]。将固态电解质引入空气电池中具有较多优点：从根本上解决电解液的挥发、易燃问题；隔绝外界的空气和水分，起到保护锂负极的效果等，固态电解质的研究是发展固态金属 - 空气电池的核心。根据原材料不同，固态电解质主要分为无机固态电解质与固态聚合物电解质（SPEs）。

固态电解质的研究已经进行了多年，是解决电解液泄漏的一种很好的方法。此外，追求固态电解质也是为了拓宽工作电位窗口，提高电池安全性，发展全固态电池。无机固体电解质具有刚性，不适合组装灵活的金属 - 空气电池。并且，无机固体电解质的离子导电性也很小。在组装柔性金属 - 空气电池时，必须考虑到具有柔性性能的固体电解质。相比于无机电解质，固态有机电解质则很好地解决了这一问题。使用的固体有机电解质主要包括聚合物和金属盐，它们分别起到骨架支撑和离子导体的作用。对于碱性聚合物电解质，聚环氧乙烷（PEO）、聚乙烯醇（PVA）、聚乙烯基吡咯烷酮（PVP）、聚丙烯酸（PAA）及其杂化物作为优良的有机骨架已经得到了广泛的研究。同时，常加入调节交联剂以改善固体有机电解质的力学性能。通常，这些合成的固体有机电解质通常比液体电解质具有相对较低的离子导电性。为了获得柔性，应增加聚合物或交联剂的含量，并进一步降低电解质的离子电导率。因此，在柔韧性和离子导电性之间存在权衡。制备柔性固体有机电解质的目的是开发全固态柔性金属 - 空气电池。在各种聚合物中，PVA 和 PEO 的混合体系因其在水中的良好溶解度和与广泛化合物的相容性而被报道为用于制造柔性金属 - 空气电池的柔性电解质。除了上述聚合物外，一些生物质材料已被报道成功制备柔性固体电解质的前驱体。

对于锂、钠、钾 - 空气电池来说，理想的固态电解质应该具有较高的离子电导率，并且电子导电性可以忽略不计，较大的电化学窗口，并且能与金属阳极和阴极材料接触时保持良好的稳定性。此外，固态电解质还需要具有较高的热稳定性，成本低廉以及绿色环保等优点。

4.3.1 无机固态电解质

无机固态电解质的结构具有较高的机械强度，能够让金属离子沉积更加均匀，并且限制枝晶的生成。无机固态电解质可以分为钙钛矿型、石榴石型（Garnet）以及 NASICON 型。

1. 钙钛矿型无机固态电解质

理想的钙钛矿（ABO_3）属于立方晶型结构，并且具有独特的物理和化学性质。A 位一般由离子半径大的稀土金属离子占据（如 Ca、Sr、La），并且周围配位了 12 个氧离子，A 与 O 形成最密堆积。B 位主要是过渡金属离子（Fe、Ti），周围配位了 6 个氧离子，而氧离子又属于 8 个共角的 BO_6 八面体。钙钛矿晶体结构稳定，当 A 位和 B 位被其他金属离子取代时，晶体的整体结构维持基本不变。在钙钛矿型固态电解质中，金属离子沿着 A 空位移动，穿过 4 个相邻的氧离子。通过对材料改性可以改变 A 空位率和金属离子浓度，掺杂半径较大的稀土或碱土金属离子能够增大钙钛矿结构中氧离子间隙，最终都能提高材料的离子电导率。

2. 石榴石型无机固态电解质

石榴石型材料的通用化学式是 $A_3B_2C_3O_{12}$，基础骨架是由 $B_3C_2O_{12}$ 与 A、B、C 构成，其中 A、B、C 周围分别配位了 8、6、4 个阳离子。通过中子衍射分析显示，$LisLa_3M_2O_2$（M=Nb、Ta）晶体的空间群为 Ia3d，金属离子同时位于四面体和八面体位点，空位也存在于同样位点。进一步研究显示，用 Ca、Sr 或 Ba 掺杂 M，能够提高材料的电导率。在 2003 年，一种新型的石榴石结构离子导体被发现，结构式为 $Li_5La_3M_2O_{12}$（M=Nb、Ta）。这些化合物在室温下的电导率基本相同（$10^{-6}S \cdot cm^{-1}$），$Li_5La_3Nb_2O_{12}$ 和 $Li_5La_3Ta_2O_{12}$ 的活化能分别是 0.43eV 和 0.56eV。

3. NASICON 型无机固态电解质

NASICON，即钠超离子导体。这种导体是 3D 结构，中间有钠离子移动通道。NASICON 型材料是用其他金属离子取代钠离子的位置，从而实现离子电导。例如 $Li_{1+x}M_xTi_{2-x}(PO_4)_3$（M=Al、Sc、Y 和 La），由 TiO_6 正八面体和 PO_4 四面体组合形成 3D 结构。此外，$LiTi_2(PO_4)_3$ 结构中的磷酸盐能够促进金属离子迁移。NASICON 结构的陶瓷电解质通式可以写成 $AM_2(PO_4)_3$，其中 A=Li, Na，M=Ge, Ti, Zr 等。NASICON 型固态电解质的基本框架是基于 $M_2P_3O_{12}$ 骨架构建的，其中两个 MO_6 八面体和三个 PO_4 四面体通过共享氧原子连接。在此骨架内，碱离子占据间隙 A1 和 A2 位置，并能通过 MO_6 八面体和 PO_4 四面体建立的传输通道扩散，从而提供锂离子传导性。当前，主流的 NASICON 结构固态电解质源自 $LiTi_2(PO_4)_3$ 和 $LiGe_2(PO_4)_3$ 晶格。四价离子 Ti^{4+} 和 Ge^{4+} 被三价阳离子 Al^{3+}、Ga^{3+}、Fe^{3+} 等部分取代，可以进一步提高锂离子电导率在 Al 掺杂的 NASICON 固态电解质中，如 $Li_{1.3}Al_{0.3}Ti_{1.7}(PO_4)_3$（LATP）和 $Li_{1.5}Al_{0.5}Ge_{1.5}(PO_4)_3$（LAGP）的室温锂离子电导率高达 $10^{-3}S \cdot cm^{-1}$。除了较高的室温离子电导率，NASICON 型固态电解质在空气和水中十分稳定，比较适合于锂-空气电池这种半开放型体系。美中不足的是电解质中的 Al^{3+} 和 Ge^{4+} 会被锂金属还原，生成 LiAl 合金或者 LiGe 合金，且过程中伴随着应力变化导致的电解质开裂。除此之外，LAGP 和 LATP 与金属锂在加热过程中均发生了明显热失控并伴随着大量放热。热失控的原因是固态电解质与金属锂接触时界面化学反应产生的热量导致氧化物固态电解质材料自身分解产生氧气，氧气进一步与金属锂发生化学反应导致剧烈产热。因此，NASICON 电解质在锂金属电池中使用时不宜处于过高温度。固态正极及其与 NASICON 接触的设计对于固态锂-空气电池性能的发挥具有重要的意义。2011 年，Wang 等人在 NASICON 电解质片上用铅笔涂了一层石墨作为薄膜空气正极，在空气中实现了十几圈循环。这个想法在当时的固态正极设计中非常的新颖，铅笔书写的痕迹所制备的正极材料非常薄，很大程度上降低了固态正极内部离子/电子/气体三相界面构筑的难度，仅仅将界面构筑限定在了电解质和超薄石墨层中间[40]，其示意图如图4-5（a）（b）所示。不过也正是因该石墨正极太薄，该固态电池的放电容量非常小，在0.1A·g^{-1}的电流密度下的放电容量仅有950mAh·g^{-1}。后来发展的固态正极设计以电子导体和离子导体混合烧结为主。将固态电解质粉末和电子导体预先涂敷或者压在电解质片上，经过后续的热处理实现电解质片和固态正极的良好接触以及固态正极内部界面的构建。2015年，Liu等人将LAGP纳米粉体和单壁碳管/多壁碳管混合后滴在LAGP片上并在700℃进行了热处理，发现单壁碳管相比多壁碳管构建的固态正极能够实现更大的放电容量，更加证明了固态正极内部三相界面的量对放电容量有决定性作用[41]。同年，Zhu等人通过在多孔的NASICON陶瓷电解质骨架上原位包覆导电层形成连续的三相界面，其结构如图4-5（c）所示，使固态锂－空气电池的放电容量提高至14200mAh·g^{-1}，并在氧气条件下循环了100圈以上[42]。此外，构筑电子/离子导体一体化正极也是提升固态锂－空气电池性能的有效方式。通过混合电子与离子导体来构建固态空气电极，将固态空气正极中的三相界面转变为材料和空气接触的两相界面，扩大活性面积，降低动力学势垒。他们在氮掺杂的碳纳米管上原位包裹了一层LiTaO$_3$离子导体层，将固态空气正极中的三相界面转变为电子/离子导体一体化正极材料和空气接触的两相界面，扩大了活性面积，降低了动力学势垒。除了这些传统的正极设计，引入外场辅助放电也引起了大家的关注。Song等人在LAGP陶瓷片上制备了单层纳米钌正极，该正极具有等离激元效应，能够俘获太阳光并转化为热能，有效提高了电荷在电解质/电极材料中的传输及存储，即使在超低温（-73℃）下，电池的阻抗比原有常规技术降低了两个数量级。同时，该电池在-73℃下能释放3600mAh·g^{-1}的放电容量，并在室温和-73℃下均表现出优异的循环性能，如图4-5（d）所示[43]。

目前已经有多种方案来解决NASICON型电解质与锂的接触问题。在电解质和锂负极中间夹一层液态电解液、聚合物电解质来阻隔开两者是最直接的方案。但是即使加入少量的液态电解液也会增加安全风险。引入离子电导率的聚合物电解质会增大整个电池的阻抗。利用磁控溅射等方法在电解质表面制备一层能够与锂金属发生合金化反应的界面层，如锗层、氧化锌层、锂镁化合物混合层等，既能改善负极和电解质的固固接触，又能提高界面的长期稳定性且不会增大电池阻抗。如Liu等人在LAGP表面溅射制备非晶Ge薄膜，不仅可以抑制Ge^{4+}和Li的还原反应，而且可以在Li金属和LAGP固体电解质之间产生紧密接触，其机理示意如图4-5（e）所示[44]。Ge涂层的LAGP固体电解质组装的对称电池表现出优异的稳定性，在0.1mA·cm^{-2}下可循环100次。还组装了固态锂－空气电池，以进一步证明。在环境空气中可以获得30次循环的稳定循环性能，有助于在固态锂电池中实现稳定的离子导电界面。

　　虽然无机固态电解质有许多优点，但是它们同样也有很多缺陷：（1）一些无机固态电解质在与空气中的水分和CO_2接触时，性能会发生变化，化学稳定性差；（2）电解质与金属电极的体积变化时会显著增加界面电阻；（3）与传统液态电解质相比，无机固态电解质的制备过程复杂，成本较高，限制其实际应用。

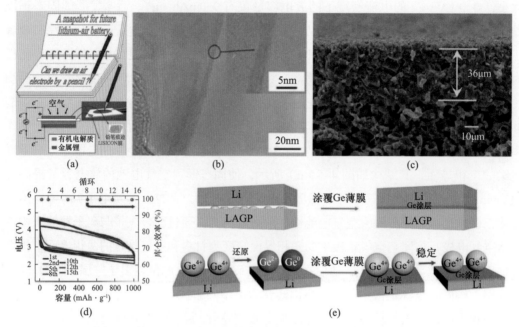

图4-5　（a）锂-空气电池的结构铅笔画示意图；（b）制备的铅笔画电极TEM图；

（c）锂-空气电池NASICON固态电解质三相界面SEM图[42]；

（d）锂-空气电池在-73°C条件下的不同循环圈数的循环曲线[43]；

（e）LAGP表面溅射非晶Ge薄膜的机理示意图[44]

4.3.2　固态聚合物电解质

　　相较于无机固态电解质，固态聚合物电解质能够有效缓解上述问题。固态聚合物电解质的制作成本较低，本身具有较好的柔性，与电极接触面的界面电阻相对较小。1973年，Fenton等首先报道了聚氧化乙烯（PEO）与电解质金属钠盐（Na^+）的络合物具有较高的离子导电性，首次提出了聚合物电解质的概念，从此揭开了聚合物电解质研究的序幕，但是在当时其科技意义并未引起足够的关注[36]。Feuillade等于1975年首次报道了聚丙烯腈（PAN）聚合物的碱金属复合物电解质，它是由聚合物聚丙烯腈（PAN）、低分子有机溶剂碳酸丙烯（PC）、电解质高氯酸铵盐（NH_4ClO_4）组分复合而成的凝胶电解质体系，其室温离子电导率约为$10^{-3}S \cdot cm^{-1}$，因此被称为凝胶聚合物电解质，第一次提出了凝胶聚合物电解质这一概念[45]。1979年，Armand等对聚醚和碱金属盐形成的一系列复合物进行了广泛的研究，证实并发现PEO的碱金属盐络合物在40~60℃时离子

电导率可达 $10^{-5}S \cdot cm^{-1}$，且具有良好的成膜性能，可以充当带有碱金属电极的新型可充电电池的电解质[46]。同时此电解质为固态，且具有一定的离子电导率，因此也被称作固态聚合物电解质。随后又提出了离子在聚合物电解质中的传输机理，且此类电解质具备易加工性与高可靠性等特点，在应用于电池上具有很好的前景。在 20 世纪 80 年代，对提高聚合物电解质的导电率进行了大量的改性研究，其方法为降低聚合物的结晶度与增加导电载体的密度。在聚合物基体中加入增塑剂可降低聚合物结晶度，进而降低聚合物的玻璃化转变温度，减少导电载体的迁移阻力。为提高聚合物电解质电导率，同时确保其一定的机械强度，对聚合物主要采取了物理交联或化学交联的改性方法。例如，1983年，Berthier 等利用核磁共振（NMR）等测试手段研究表明，固态聚合物电解质中的离子主要是通过非晶态传输，阐述了 PEO 盐复合物具有低室温电导率的主要原因为 PEO具有高结晶度[47]。在 1996 年首次提出将聚丙烯腈（PAN）基聚合物电解质应用在锂 –空气电池中，它的能量密度远超当时锂离子电池的能量密度。经过多年的发展，聚合物电解质已经形成一个成熟的体系并广泛应用于锂 – 空气电池中，常见的聚合物电解质有聚丙烯腈（PAN）、聚环氧乙烷（PEO）、聚甲基丙烯酸甲酯（PMMA）、聚偏氟乙烯（PVDF）等。在空气电池中，聚合物电解质可防止负极遭受来自空气中的水和 CO_2 的腐蚀。同时它也可适用于大多数电池系统，因为高机械强度使它们能够承受电池在充放电过程中的体积变化。聚合物电解质的可扩展性和可加工性对柔性电池或可穿戴电子产品的开发具有重要意义。同时它相较于液体电解质来说可以更适合解决一部分安全问题，它不易挥发性和不易泄漏的特性使电池安全性能得到提高。聚合物电解质的制备方法有很多种，常见的制备方法主要有溶液浇铸法、原位聚合法、Ballcore 法、相转化法和静电纺丝等。固态聚合物电解质可以分为固体聚合物电解质、干性聚合物电解质、凝胶聚合物电解质、复合聚合物电解质以及微孔聚合物电解质。

1. 固态聚合物电解质

固态聚合物电解质是由大分子量的聚合物本体（溶剂）与盐（溶质）组成，不含有液体增塑剂，是一种具有离子导电性能的固态溶液。在通常状态下为固态，不具有流动性，聚合物电解质中高分子链与盐之间存在相互作用。固态聚合物基体主要有聚醚、聚酯、聚胺等体系，其中聚环氧乙烯（PEO）基固态聚合物电解质是研究最早也是研究最多的。但经过 30 多年的研究，PEO 基固态聚合物电解质仍不能满足实际需求。其主要原因有三个方面：（1）室温电导率低；（2）离子迁移数偏低，制约了电池的充放电速率；（3）聚合物电解质与电极之间存在钝化现象，影响了电池的循环性能及安全性能。由于固态聚合物电解质室温电导率太低，无法满足实际要求，故近年来研究甚少。

2. 干性聚合物电解质

干性聚合物电解质由高分子主体物和导电性金属盐两部分组成，具有较高的结晶度，是一种塑料材料，本身的价格低廉，在实际应用中有巨大的发展潜力。在干性固态聚合物电解质中，PEO 基是最具有代表性的一种。由于聚合物系统的复杂性，学者们对干性聚合物电解质的导电机理暂时还没有统一明确的描述。目前主流的一些观点是：（1）聚合物中的高分子链会进行热运动，而电解质中的迁移离子在电场影响下与聚合物链中的极性基团发生络合和解络合过程，从而实现离子迁移；（2）聚合物中的导电离子通过在螺旋溶剂化结构的隧道中跃迁实现离子导电；（3）聚合物中存在非晶相区（无定形区），离子能够在此传导。除了 PEO 基 SPEs，聚乙烯醇（PVA）基 SPEs 也被广泛应用在固态锌－空气电池中。相比于 PEO，PVA 基 SPEs 的离子电导率较高，在室温下能达到 $10^{-4}S \cdot cm^{-1}$。因此，寻找其他高效的聚合物基 SPEs 也是提高固态锌－空气电池性能的一个方向。

3. 凝胶聚合物电解质

凝胶聚合物电解质是由聚合物基体、增塑剂及盐形成的高分子膨胀性体系，离子的传导主要通过液相进行，由于高分子网络能吸附大量的电解液，故其离子电导率几乎接近于液态电解质的电导率。由于电解液对电极界面润湿性较好，故阻抗小，电池循环性能良好。然而，凝胶聚合物电解质中的增塑剂易与电极发生反应，电极的稳定性较差。聚合物在凝胶聚合物电解质中主要起支撑作用，作为理想的聚合物骨架材料，聚合物的活性链端应至少具备以下三个特征：（1）原子或原子团需有足够的给电子能力；（2）键的断开与结合应易发生，以保证聚合物链具有足够的蠕动能力；（3）配位中心要保持一定的距离。目前研究较多的聚合物基体主要有聚环氧乙烯（PEO）、聚甲基丙烯酸甲酯（PMMA）、聚丙烯腈（PAN）与聚偏氟乙烯（PVDF）等。增塑剂通常为高介电常数的有机小分子液体，可提高溶解离子的能力，因此在体系中起促进盐的解离、传递的作用，进而提高离子电导率。这是因为：首先，增塑剂的加入可降低体系玻璃化转变温度，增强聚合物的链段运动能力，促进盐的解离以提高电导率；其次，对于高结晶度聚合物而言，由于离子的传导主要发生在无定性区，而结晶区的存在则限制了离子的传导，增塑剂的加入可降低聚合物体系的结晶度、增加自由体积、提高非晶区的离子传导能力，从而显著提高离子电导率。凝胶聚合物电解质是电池研究的核心之一。人们一般从两个方面考虑去提高电解质的性能：一是聚合物种类，PEO、PVA、PAA 等都是常见的聚合物材料，一般来说，结晶度越高的聚合物材料具有越好的机械性能和可塑造性，但同时其材料的离子电导率较低，很难满足电池反应的需求，所以需要寻找具有一定机械性能，能够抑制金属枝晶生长，同时又具有较高离子电导率的聚合物材料；二是合适的添加剂，通过加入增塑剂或某种溶剂，降低聚合物的结晶度，提高材料的电导率的同时，维持一定的机械强度。离子电导率是评价凝胶聚合物电解质的一个重要指标，一般理想的电解质的电导率需要达到 $10^{-3}S \cdot cm^{-1}$ 以上才能满足电池要求。

Wang 等人制备了防止水侵蚀的低密度聚乙烯薄膜和含有 LiI 氧化还原介体组会的凝胶电解质，并组装成锂－空气电池，在环境空气中可循环长达 610 次[48]。低密度聚乙烯薄膜可以抑制放电产物 Li_2O_2 在环境空气中生成 Li_2CO_3 的副反应，而 LiI 可以促进

Li_2O_2 在充电过程中的电化学分解，从而提高了锂 – 空气电池的可逆性。Wang 等人在 2021 年的工作中首次开发了一种用于铝 – 空气电池的乙醇凝胶电解质，使用 KOH 作为溶质，聚环氧乙烷作为胶凝剂[49]。研究发现，与水凝胶相比，乙醇凝胶可以有效抑制铝的腐蚀，从而实现稳定的铝储存。当组装成铝 – 空气电池时，在 0.1mA·cm^{-2} 下，乙醇凝胶电解质的放电寿命和比容量显著提高，分别是水凝胶电解质的 5.3 和 4.1 倍，其循环后的铝阳极表面形貌示意图可见图 4-6（a）~（d）。通过研究凝胶特性，发现较低的乙醇纯度可以提高电池的功率输出，但代价是放电效率降低。相反，较高的聚合物浓度会降低功率输出，但可以为放电效率带来额外的好处。至于凝胶厚度，优选 1mm 的适中值，以平衡功率输出和能量效率。最后，为了满足日益增长的柔性电子市场的需求，通过将乙醇凝胶浸渍到纸基板中开发了柔性铝 – 空气电池，即使在严重变形或损坏的情况下也能正常工作。有些研究者基于绿色生物质能及其衍生物，使用淀粉、纤维素和壳聚糖等制备凝胶。更多的研究集中在使用聚合物制备固态水凝胶电解质，包括聚乙烯醇（PVA）、丙烯酸（AA）、聚乙烯吡咯烷酮（PVP）等[50-51]。Zhang 等人制作了全固态铝 – 空气电池，凝胶电解质采用了在丙烯酸（acrylic acid，AA）单体中添加交联剂 N，N-亚甲基双丙烯酰胺（MBA）和引发剂过硫酸钾，再加入 36% 质量分数的 KOH 溶液制成，其结构示意如图 4-6（e）所示，离子电导率可达到 460mS·cm^{-1}[52]。而 Tan 等人使用 MBA 作为交联剂，通过紫外线引发丙烯酰胺自由基聚合，形成部分交联的聚丙烯酰胺，并将所得聚合物浸泡在氢氧化钾水溶液或盐水中，制备的聚合物凝胶电解质具有良好的柔韧性、高离子电导率（σ=0.33S·cm^{-1}）、易于制造和可扩展性等优点，是实现高性能柔性金属 – 空气电池的绝佳候选者[53]。装配的锌 – 空气电池在弯曲角度低至 60° 时，见图 4-6（f），性能无明显下降，功率密度为 39mW·cm^{-2}，连续循环 50h（每个循环 1h）后电压分布稳定，放电和充电电位分别为 1.2V 和 2.0V。Deghiedy 等人通过向 PVA/PVP 共混物增加 PVP 浓度来降低聚合物的结晶性，增强其渗透性和黏附性能[54]。聚合物共混物表现出比单个成分更好的力学性能。通过多种聚合物的协同作用减小聚合物结晶度，通过加入玻璃纤维增强其力学性能和框架结构是目前提高凝胶电解质离子电导率的有效途径。可以看出，大多研究仍在关注碱性凝胶电解质，酸性凝胶电解质提及较少，仍然是较空白的领域。Palma 等人以黄原胶为原料，在酸性条件下制备的凝胶电解质具备良好的离子传导性，组装成固态铝 – 空气电池具有较高的容量与负极效率[55]。因为黄原胶可以作为自腐蚀的缓蚀剂，抑制铝枝晶的形成，但该电池不能充电，因为较强的析氢反应消耗了电流，而高的电解质反应活性与高氢气浓度有关。碱性凝胶电解质具有更大的电化学窗口和放电电压，但负极效率较低。

4. 复合聚合物电解质

复合聚合物电解质是在凝胶或微孔电解质中加入无机材料制成的多相复合体，随添加材料的不同其性能表现出较大差异。添加无机纳米材料主要作用有：（1）阻碍聚合物链段的规整排列，增加聚合物基体的无定形区，降低电解质的结晶度，提高离子的电导率；（2）吸附固化聚合物，提高聚合物的力学性能和热稳定性能；（3）吸附体系中微量的杂质与水分，增加体系的黏度，同时还可改善电解质与金属的界面稳定性，减少阻抗和腐蚀。通常添加的无机材料有 SiO_2、Al_2O_3、TiO_2、沸石等，但以 SiO_2 最为常见。复合聚合物电解质是在干性聚合物电解质中加入无机陶瓷材料的复合材料。一般来说，无机固态电解质具有较高离子导电性、耐燃性，但是材质较脆且与电极存在很高的界面电阻。干性聚合物电解质本身的室温电导率低且在高电压下化学稳定性差，但是柔韧性非常好，制造成本低。因此，为了集合优点，一种同时采用无机陶瓷材料和聚合物材料制备的复合聚合物电解质引起了较大的关注。无机陶瓷填料如 SiO_2、Al_2O_3、TiO_2 和 Co_3O_4 等被加入到聚合物基底中，能改善电解质的机械性能和离子导电性。复合电解质可以是固 - 液电解质复合，也可以是固 - 聚合物电解质复合等多种复合形式。可以发挥两种电解质各自的优点，弥补各自的缺点。含有无机微纳米填充物（如 SiO_2、Al_2O_3 和 TiO_2）的聚合物 / 无机复合电解质是最简单的复合电解质，其物理性能可以通过组分变化来控制。在复合电解质中固体聚合物复合电解质被认为是下一代高性能储能装置，它由至少一种聚合物电解质和一种或多种固体基质组成。这种电解质结合了聚合物电解质的高离子电导率、柔性和固体电解质的高安全性能。然而，颗粒团聚，尤其是高浓度填料的团聚是固体聚合物电解质进一步性能改善的关键。Zhang 等人首次合成了疏水性离子液体 - 二氧化硅 -PVDF-HFP 聚合物复合电解质并应用于锂 – 空气电池 [56]。使用这种复合电解质膜的锂 – 空气电池在环境大气中的放电性能显示，在没有 O_2 催化剂的情况下，碳的容量高达 $2800mAh \cdot g^{-1}$；而使用纯离子液体作为电解质的电池放电容量要低得多，为 $1500mAh \cdot g^{-1}$。当 $\alpha\text{-}MnO_2$ 作为氧电催化剂时，复合电解质电池的初始放电容量可扩展至 $4080mAh \cdot g^{-1}$，可计算为与正极总质量相关的 $2040mAh \cdot g^{-1}$。平坦的放电平台和大的放电容量表明疏水性离子液体 - 二氧化硅 -PVDF-HFP 聚合物复合电解质膜可以有效保护锂负极免受水分入侵。后期的研究都集中在凝胶电解质在半固态锂 – 空气电池中的防水功能上。各种各样具有防水性能的柔性器件被开发出来，比如同轴电缆状、软包袋式等。这些使用了凝胶电解质的柔性电池器件具有抗弯折、防水、耐穿刺的能力，有望在可穿戴柔性电子设备中应用。

5. 微孔聚合物电解质

微孔聚合物电解质具有较高的室温电导率、较好的机械性能及热力学稳定性能，降低了组装电池过程中对环境干燥程度的要求，可与正负极卷绕后注入电解液活化，且电池制备工序简单。目前，对微孔聚合物电解质研究较多的主要为含氟聚合物体系，为了提高电解质的室温电导率，可向体系中添加其他无机材料。微孔聚合物电解质与凝胶聚合物电解质之间有区别也有联系，具体表现为：（1）二者导电机理基本相同，性能特点也相似；（2）微孔体系为相分离体系，其中存在溶液相，而一般的凝胶体系中则没有溶液相；（3）微孔体系在保持力学性能的前提下可进一步提高电导率，但对小分子增塑剂的保持能力要比凝胶体系差；（4）微孔体系更有利于聚合物电池的规模化生产。聚合物微孔膜应具有较高的孔隙率、较强的液体保持能力及一定的机械强度。此外，对聚合物微孔膜的孔径、形态结构以及微孔膜聚合物基体在液体电解质中的溶胀能力等都有一定的要求。

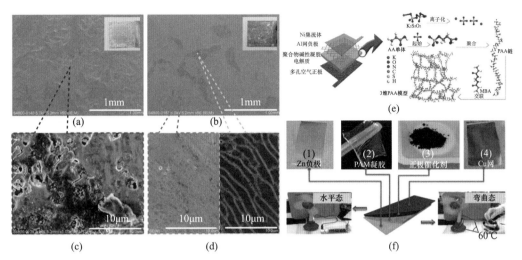

图4-6　（a）（c）基于水凝胶电解质，（b）（d）乙醇凝胶电解质循环后的铝箔阳极表面SEM图[49]；（e）层状结构的全固态Al-air电池示意图，及从AA单体到PAA的聚合过程示意图[52]；（f）聚丙烯酰胺凝胶电解质组装柔性锌-空气电池装置示意图（180°、折叠60°）[53]

参考文献

[1]　张昆昆. 离子液体用作锌空气电池电解液的应用研究 [D]. 北京：北京化工大学, 2020.

[2]　MAINAR A R, LEONET O, BENGOECHEA M, et al. Alkaline aqueous electrolytes for secondary zinc-air batteries: an overview [J]. International Journal of Energy Research, 2016, 40(8): 1032-1049.

[3]　HWANG B, OH E S, KIM K. Observation of electrochemical reactions at Zn electrodes in Zn-air secondary batteries [J]. Electrochimica Acta, 2016, 216: 484-489.

[4]　SCHRöDER D, SINAI BORKER N N, KöNIG M, et al. Performance of zinc air batteries with added K_2CO_3 in the alkaline electrolyte [J]. Journal of Applied Electrochemistry, 2015, 45(5): 427-437.

[5]　SUN W, WANG F, ZHANG B, et al. A rechargeable zinc-air battery based on zinc peroxide chemistry [J]. Science, 2021, 371(6524): 46-51.

[6]　WANG L, SNIHIROVA D, DENG M, et al. Sustainable aqueous metal-air batteries: An insight into

electrolyte system [J]. Energy Storage Materials, 2022, 52:573-597.

[7]   GORE P, FAJARDO S, BIRBILIS N, et al. Anodic activation of Mg in the presence of In^{3+} ions in dilute sodium chloride solution [J]. Electrochimica Acta, 2019, 293: 199-210.

[8]   OEHR K H, SPLINTER S, JUNG J C Y, et al. Methods and products for improving performance of batteries/fuel cells[P]. U.S. Patent 6706432. 2004-3-16.

[9]   BOCKSTIE L, TREVETHAN D, ZAROMB S. Control of Al corrosion in caustic solutions [J]. Journal of the Electrochemical Society, 1963, 110(4): 267.

[10] MOHAMAD A. Electrochemical properties of aluminum anodes in gel electrolyte-based aluminum-air batteries [J]. Corrosion Science, 2008, 50(12): 3475-3479.

[11] WANG L, LIU F, WANG W, et al. A high-capacity dual-electrolyte aluminum/air electrochemical cell [J]. RSC advances, 2014, 4(58): 30857-30863.

[12] DONG Q, YAO X, ZHAO Y, et al. Cathodically stable Li-O$_2$ battery operations using water-in-salt electrolyte [J]. Chem, 2018, 4(6): 1345-1358.

[13] SOAVI F, MONACO S, MASTRAGOSTINO M. Catalyst-free porous carbon cathode and ionic liquid for high efficiency, rechargeable Li/O$_2$ battery [J]. Journal of Power Sources, 2013, 224: 115-119.

[14] MIZUNO F, TAKECHI K, HIGASHI S, et al. Cathode reaction mechanism of non-aqueous Li-O$_2$ batteries with highly oxygen radical stable electrolyte solvent [J]. Journal of power sources, 2013, 228: 47-56.

[15] XU W, XIAO J, ZHANG J, et al. Optimization of nonaqueous electrolytes for primary lithium/air batteries operated in ambient environment [J]. Journal of the Electrochemical Society, 2009, 156(10): A773.

[16] CECCHETTO L, SALOMON M, SCROSATI B, et al. Study of a Li-air battery having an electrolyte solution formed by a mixture of an ether-based aprotic solvent and an ionic liquid [J]. Journal of Power Sources, 2012, 213: 233-238.

[17] HERRANZ J, GARSUCH A, GASTEIGER H A. Using rotating ring disc electrode voltammetry to quantify the superoxide radical stability of aprotic Li-air battery electrolytes [J]. The journal of physical chemistry C, 2012, 116(36): 19084-19094.

[18] 陈婉琦, 张旺, 尹微, 等. 无机熔融盐电解质在锂空气电池的应用 [J]. 储能科学与技术, 2017, 6(6): 1273-1279.

[19] YIN W W, FU Z W. The potential of Na-air batteries [J]. ChemCatChem, 2017, 9(9): 1545-1553.

[20] SUN Q, YANG Y, FU Z W. Electrochemical properties of room temperature sodium-air batteries with non-aqueous electrolyte [J]. Electrochemistry Communications, 2012, 16(1): 22-25.

[21] LUTZ L, YIN W, GRIMAUD A, et al. High capacity Na-O$_2$ batteries: key parameters for solution-mediated discharge [J]. The Journal of Physical Chemistry C, 2016, 120(36): 20068-20076.

[22] VITORIANO N O, LARRAMENDI I D, SACCI R L, et al. Goldilocks and the three glymes: How Na$^+$ solvation controls Na-O$_2$ battery cycling [J]. Energy Storage Materials, 2020, 29: 235-245.

[23] DILIMON V, HWANG C, CHO Y G, et al. Superoxide stability for reversible Na-O$_2$ electrochemistry [J]. Scientific Reports, 2017, 7(1): 17635.

[24] LUTZ L, ALVES D C D, TANG M, et al. Role of electrolyte anions in the Na-O$_2$ battery: implications for NaO$_2$ solvation and the stability of the sodium solid electrolyte interphase in glyme ethers [J]. Chemistry of Materials, 2017, 29(14): 6066-6075.

[25] REVEL R, AUDICHON T, GONZALEZ S. Non-aqueous aluminium-air battery based on ionic liquid electrolyte [J]. Journal of Power Sources, 2014, 272: 415-421.

[26] GELMAN D, SHVARTSEV B, EINELI Y. Aluminum-air battery based on an ionic liquid electrolyte [J]. Journal of materials chemistry A, 2014, 2(47): 20237-20242.

[27] GELMAN D, SHVARTSEV B, WALLWATER I, et al. An aluminum-ionic liquid interface sustaining a durable Al-air battery [J]. Journal of Power Sources, 2017, 364: 110-120.

[28] FARES M M, MAAYTA A, ALMUSTAFA J A. Synergistic corrosion inhibition of aluminum by polyethylene glycol and ciprofloxacin in acidic media [J]. Journal of adhesion science and technology, 2013, 27(23): 2495-2506.

[29] FARES M M, MAAYTA A, ALQUDAH M A. Polysorbate20 adsorption layers below and above the critical micelle concentration over aluminum; cloud point and inhibitory role investigations at the solid/liquid interface [J]. Surface and interface analysis, 2013, 45(5): 906-912.

[30] DENG S, LI X. Inhibition by Jasminum nudiflorum Lindl. leaves extract of the corrosion of aluminium in HCl solution [J]. Corrosion Science, 2012, 64: 253-262.

[31] SHARMA A, CHOUDHARY G, SHARMA A, et al. Effect of temperature on inhibitory efficacy of Azadirachta indica fruit on acid corrosion of aluminum [J]. International Journal of Innovative Research in Science Engineering and Technology, 2013, 2(12): 7982-7992.

[32] MILOŠEV I, RODIČ P. Cerium chloride and acetate salts as corrosion inhibitors for aluminum alloy AA7075-T6 in sodium chloride solution [J]. Corrosion, 2016, 72(8): 1021-1034.

[33] QAFSAOUI W, KENDIG M W, PERROT H, et al. Effect of 1-pyrrolidine dithiocarbamate on the galvanic coupling resistance of intermetallics-aluminum matrix during corrosion of AA 2024-T3 in a dilute NaCl [J]. Corrosion Science, 2015, 92: 245-255.

[34] HALAMBEK J, BERKOVIĆ K, VORKAPIĆ F J. The influence of Lavandula angustifolia L. oil on corrosion of Al-3Mg alloy [J]. Corrosion Science, 2010, 52(12): 3978-3983.

[35] GEETHA S, LAKSHMI S, BHARATHI K. Solanum trilobatum as a green inhibitor for aluminium corrosion in alkaline medium [J]. Journal of Chemical and Pharmaceutical Research, 2013, 5(5): 195-204.

[36] FENTON D. Complex of alkali metal ions with poly (ethylene oxide) [J]. polymer, 1973, 14: 589.

[37] HASSOUN J, CROCE F, ARMAND M, et al. Investigation of the O_2 electrochemistry in a polymer electrolyte solid - state cell[J]. Angewandte Chemie-International Edition, 2011, 50(13): 2999.

[38] HAN F, ZHU Y, HE X, et al. Electrochemical stability of $Li_{10}GeP_2S_{12}$ and $Li_7La_3Zr_2O_{12}$ solid electrolytes [J]. Advanced Energy Materials, 2016, 6(8): 1501590.

[39] ZHANG Q, CAO D, MA Y, et al. Sulfide - based solid - state electrolytes: synthesis, stability, and potential for all - solid - state batteries [J]. Advanced Materials, 2019, 31(44): 1901131.

[40] WANG Y, ZHOU H. To draw an air electrode of a Li-air battery by pencil [J]. Energy & Environmental Science, 2011, 4(5): 1704-1707.

[41] LIU Y, LI B, KITAURA H, et al. Fabrication and performance of all-solid-state Li-air battery with SWCNTs/LAGP cathode [J]. ACS applied materials & interfaces, 2015, 7(31): 17307-17310.

[42] ZHU X, ZHAO T S, WEI Z, et al. A novel solid-state $Li-O_2$ battery with an integrated electrolyte and cathode structure [J]. Energy & Environmental Science, 2015, 8(9): 2782-2790.

[43] SONG H, WANG S, SONG X, et al. Solar-driven all-solid-state lithium-air batteries operating at extreme low temperatures [J]. Energy & Environmental Science, 2020, 13(4): 1205-1211.

[44] LIU Y, LI C, LI B, et al. Germanium thin film protected lithium aluminum germanium phosphate for solid - state Li batteries [J]. Advanced energy materials, 2018, 8(16): 1702374.

[45] FEUILLADE G, PERCHE P. Ion-conductive macromolecular gels and membranes for solid lithium cells [J]. Journal of Applied Electrochemistry, 1975, 5: 63-69.

[46] ARMAND M, CHABAGNO J, DUCLOT M. Second international meeting on solid electrolytes [J]. St Andrews, Scotland, 1978: 20-22.

[47] BERTHIER C, GORECKI W, MINIER M, et al. Microscopic investigation of ionic conductivity in alkali metal salts-poly (ethylene oxide) adducts [J]. Solid State Ionics, 1983, 11(1): 91-95.

[48] WANG L, PAN J, ZHANG Y, et al. A Li-air battery with ultralong cycle life in ambient air [J]. Advanced Materials, 2018, 30(3): 1704378.

[49] WANG Y, PAN W, LEONG K W, et al. Solid-state Al-air battery with an ethanol gel electrolyte [J]. Green Energy & Environment, 2021, 8(4): 1117-1127.

[50] LIU S, BAN J, SHI H, et al. Near solution-level conductivity of polyvinyl alcohol based electrolyte and the application for fully compliant Al-air battery [J]. Chemical Engineering Journal, 2022, 431: 134283.

[51] TRAN T N T, CHUNG H J, IVEY D G. A study of alkaline gel polymer electrolytes for rechargeable zinc-air batteries [J]. Electrochimica Acta, 2019, 327: 135021.

[52] ZHANG Z, ZUO C, LIU Z, et al. All-solid-state Al-air batteries with polymer alkaline gel electrolyte [J]. Journal of Power Sources, 2014, 251: 470-475.

[53] TAN M J, LI B, CHEE P, et al. Acrylamide-derived freestanding polymer gel electrolyte for flexible

metal-air batteries [J]. Journal of Power Sources, 2018, 400: 566-571.

[54] DEGHIEDY N, ELSAYED S. Evaluation of the structural and optical characters of PVA/PVP blended films [J]. Optical Materials, 2020, 100: 109667.

[55] PALMA T M D, MIGLIARDINI F, GAELE M F, et al. Aluminum-air batteries with solid hydrogel electrolytes: Effect of pH upon cell performance [J]. Analytical Letters, 2021, 54(1-2): 28-39.

[56] ZHANG D, LI R, HUANG T, et al. Novel composite polymer electrolyte for lithium air batteries [J]. Journal of Power Sources, 2010, 195(4): 1202-1206.

5 金属 – 空气电池其他关键部件

除了前面提及的正负极材料、电解液等组成部分，金属 – 空气电池中还存在其他不可或缺的组成部件，如隔膜、集流网、极耳、引线、电池外壳等都会对电池器件的性能和寿命产生影响[1]。

5.1 隔膜

隔膜是电池中重要组成部分，隔膜的存在一方面会降低电池的比能量，直接影响电池的充电效率、放电容量等关键参数；另一方面隔膜可以提升使用寿命以避免电池过早失效[2]。从电池的安全性和长期可靠性考虑，隔膜对于电池是不可或缺的一部分。隔膜的主要作用是将电池的阴极与阳极隔开，防止两极直接接触导致短路，隔膜还需具备一定的离子传输能力以保证电解质离子通过，实现闭环回路。因此，电池隔膜所需具备的基本性质有以下几点：（1）一定的隔断性，要求隔膜需具备电子绝缘性，以保证阴阳极之间的有效阻断，充放电时电子只能通过外电路进行传输；（2）一定的孔径和孔隙率，以保证低的电阻和高的离子电导率[3]；（3）较好的化学与电化学稳定性，隔膜必须耐强碱电解液的腐蚀以及在充放电的电化学循环中保持长期稳定；（4）足够的力学性能，这包括穿刺强度、拉伸强度等，以防止枝晶的穿刺对电池造成影响[2]；（5）对电解液的浸润性较好，以利于离子的传输。例如，在锌 – 空气电池中，隔膜的作用体现在需防止氧气透过到达阳极，以防止锌发生氧化；还需防止锌酸根离子透过到达阴极[4]，以避免堵塞阴极孔洞，影响氧气传输。此外，若隔膜的孔径过大时，阳极处的锌粉可能会穿过或者堵塞隔膜孔，甚至导致阴阳极的直接接触而引起短路；但若隔膜孔径过小，吸收的电解液量少，电池的电阻增大。

5.1.1 隔膜的种类

以商业化程度较高的锌 – 空气电池为例，其使用的传统隔膜材料由聚乙烯（PE）、聚丙烯（PP）、聚乙烯醇（PVA）等无纺布聚合物制成隔膜。目前，商业化广泛使用的锌 – 空气电池隔膜（如 Celard 公司生成的系列隔膜[5]），是由 PP/PE/PP 三层叠加的复合聚烯烃类隔膜。其中，两边熔点高的 PP 层是为了维持隔膜的完整性，起支撑作用，而中间熔点低的 PE 层是为了在电池过热时能及时断开电路，起熔断作用。这种材料制备隔膜的合成工艺成熟，化学性质十分稳定，试验表明具有很高的机械稳定性以及较强的抗穿刺能力。近来，人们也在通过对隔膜的改性与新的合成方法的探究，以解决锌 – 空气电池存在的锌枝晶的析出、ZnO 的形成以及锌酸盐的堆积等相关问题[6-7]。如采用玻璃纸为基材，经聚合物乳液浸泡、烘干，制得有良好湿强度和耐碱性的隔膜，采用 PP 微孔膜作基膜，磷酸酯、磺酸酯类化合物改性得到隔膜[8]，或采用静电纺丝技术制备纳米纤维隔膜，并对其进一步改性处理等[9]。

5.1.2　隔膜的制备工艺

干法拉伸和湿法拉伸是工业上商业隔膜主要的制备工艺，其中干法拉伸又可细分为干法单向拉伸工艺和干法双向拉伸工艺。不同制备工艺得到的隔膜，性能也有所不同，其性能对比可见表 5-1。

表 5-1　干法与湿法工艺制备隔膜的性能对比

指标	干法单向拉伸	干法双向拉伸	湿法拉伸
孔径大小	大	大	小
孔径均匀性	较差	较差	较好
横向拉伸强度	低	较高	较高
拉伸强度均匀性	差，各向异性	较好，各向异性	较好，各向同性
穿刺强度	低	较高	较高

1. 干法拉伸

干法拉伸隔膜工艺是将高分子聚合物等原料熔融混合形成均匀熔体，在压力作用下挤出成片状结构，热处理片晶结构获得硬弹性的聚合物薄膜，之后在一定的温度下拉伸，晶片层之间分离形成狭缝状微孔，热定型后制得微孔膜的工艺。目前干法工艺主要包括干法单向拉伸和干法双向拉伸两种工艺。

干法单向拉伸是利用流动性好、分子量低的聚乙烯（PE）或聚丙烯（PP）聚合物，利用硬弹性纤维的制造原理，先制备出高取向度、低结晶的聚烯烃铸片，低温拉伸形成银纹等微缺陷后采用高温退火使缺陷拉开，进而获得孔径均一、单轴取向的微孔薄膜。利用该工艺生产的隔膜由于拉伸仅发生在纵向，所以隔膜横向的拉伸强度较差。

干法双向拉伸工艺是通过在聚丙烯中加入 β 晶型成核剂，利用 β 晶型聚丙烯的晶片排列疏松易于拉伸、晶体内部存在大量缺陷的特性，在高温和双向拉伸的应力作用下会转变为更加致密和稳定的 α 晶[10]，再通过晶型的转变在材料内部形成微孔。该工艺的工序简单，生产效率高，成本相对较低，且相比于单向拉伸，其形成的微孔更均匀。

2. 湿法拉伸

湿法拉伸工艺是运用热致相分离的原理，将增塑剂（高沸点的烃类液体或一些分子量相对较低的物质）与聚烯烃树脂在高温下混合成均相的溶液，降温过程中熔融混合物发生固 – 液相或液 – 液相分离的现象，而后压制成膜片，加热至接近熔点温度后拉伸使分子链取向一致，保温一定时间后用易挥发溶剂（例如二氯甲烷和三氯乙烯）将增塑剂从薄膜中萃取出来，经过烘干定型制得相互贯通的微孔膜材料的工艺。湿法拉伸工艺与干法拉伸工艺相比是一种生产隔膜产品厚度均匀性更好、理化性能及力学性能更好的制备工艺。但由于该工艺生产隔膜的过程中需大量的易挥发溶剂，所以成本相对较高且对环境污染较严重。

3. 静电纺丝

静电纺丝工艺是将高分子聚合物溶解于溶剂中制成一定黏度的聚合物溶液，在外加高压电场的作用下，聚合物液滴克服表面张力形成微小的射流，射流在抵达接收板过程中蒸发或者固化被收集形成纤维，最终可制备得到纳米纤维交叠而成的无纺布状隔膜的工艺[11]。通过静电纺丝工艺，纤维直径可达亚微米级乃至纳米级，所以该工艺制备的隔膜具有比表面积高、孔隙率高、力学性能良好、厚度较薄等优点。

5.2 极耳

极耳是将正负极从电芯内部引出的金属导体组件，在电池充放电时承担电池内外能量交换的作用[1]。完整的极耳主要由绝缘密封胶与金属导电基体组成，其中，胶片是极耳上绝缘的部分，在电池封装时防止金属带与塑膜之间发生短路，并且封装时通过加热与塑膜热熔密封黏合在一起防止漏液。

对于锂离子电池正极一般采用铝极耳[12]，负极采用镍或铜镀镍极耳，此外还有铜极耳和不锈钢极耳等。相比其他金属，铝的导电性较好，在较高的电位下，铝比铜有更稳定且更小的极化电位范围，同时铝不易与锂发生合金化反应，化学稳定性好，更适合做锂离子电池的正极极耳[13]。但是对于金属 – 空气电池，其电解质为强碱性，会与铝发生反应，所以针对金属 – 空气电池正负极一般均采用镍基极耳[14]。相较于铝极耳，镍极耳的电导率更差，在高倍率放电时，可能导致电池表面温度过高，从而影响电池的高倍率放电性能。但可对其进行镀铜处理，处理后的极耳导电性能有所提升，其电导率接近纯铜的电导率[15]。另外，除了极耳材质，极耳的尺寸及极耳的引出方式对电池的倍率放电性能和倍率循环性能也会存在影响。一般而言，通电电流大小与导线的截面成正比关系，即导线截面积越大允许通过的电流也就越大。所以，极耳尺寸的选择不仅取决于电池的型号，也取决于电池的最大放电电流。

在高倍率放电条件下，不同的电池结构，极耳的设计方法也不同[12]。对于卷绕结构[16]

的电池可在电极极片上多焊接几个极耳，这样在高倍率放电初期，电池内部就会有多个区域内阻较小，电流密度较大，反应速度较快，从而缓解单极耳情况下的剧烈反应。但是，采用多极耳会降低电池的额定容量，增加塑膜的热封难度，塑膜与极耳之间容易出现预封不良现象，从而导致电池产生短路、胀气和漏液的隐患。对于叠片结构电池，其相当于几十片小电池并联，极大地降低了电池的欧姆内阻，其倍率性能远远好于卷绕方式[17]。在电池极耳设计时，一般采用正负极耳同侧的设计方法。但是，对于长宽比例大的电池型号，如果采用同侧出极耳的方式，极耳的宽度尺寸将会受到很大的限制，从而不能满足电池最大放电电流的要求，此时极耳可采用正、负极耳反向引出的方式，达到大电流放电时电流分布均匀的目的。

参考文献

[1] FU J, CANO Z P, PARK M G, et al. Electrically rechargeable zinc-air batteries: progress, challenges, and perspectives [J]. Advanced materials, 2017, 29(7): 1604685.

[2] TSEHAYE M T, ALLOIN F, IOJOIU C, et al. Membranes for zinc-air batteries: Recent progress, challenges and perspectives [J]. Journal of Power Sources, 2020, 475: 228689.

[3] LIAO H, HONG H, ZHANG H, et al. Preparation of hydrophilic polyethylene/methylcellulose blend microporous membranes for separator of lithium-ion batteries [J]. Journal of Membrane Science, 2016, 498: 147-157.

[4] LEE J, HWANG B, PARK M S, et al. Improved reversibility of Zn anodes for rechargeable Zn-air batteries by using alkoxide and acetate ions [J]. Electrochimica Acta, 2016, 199: 164-171.

[5] LI Y, PU H, WEI Y. Polypropylene/polyethylene multilayer separators with enhanced thermal stability for lithium-ion battery via multilayer coextrusion [J]. Electrochimica Acta, 2018, 264: 140-149.

[6] ZHANG Y, LI C, CAI X, et al. High alkaline tolerant electrolyte membrane with improved conductivity and mechanical strength via lithium chloride/ dimethylacetamide dissolved microcrystalline cellulose for Zn-Air batteries [J]. Electrochimica Acta, 2016, 220: 635-642.

[7] WANG Y, CHEN K S, MISHLER J, et al. A review of polymer electrolyte membrane fuel cells: Technology, applications, and needs on fundamental research [J]. Applied energy, 2011, 88(4): 981-1007.

[8] NANTHAPONG S, KHEAWHOM S, KLAYSOM C. MCM-41/PVA composite as a separator for zinc-air batteries [J]. International Journal of Molecular Sciences, 2020, 21(19): 7052.

[9] LEE H J, LIM J M, KIM H W, et al. Electrospun polyetherimide nanofiber mat-reinforced,

permselective polyvinyl alcohol composite separator membranes: A membrane-driven step closer toward rechargeable zinc-air batteries [J]. Journal of Membrane Science, 2016, 499: 526-537.

[10] DIMESKA A, PHILLIPS P J. High pressure crystallization of random propylene–ethylene copolymers: $\alpha-\gamma$ Phase diagram [J]. Polymer, 2006, 47(15): 5445-5456.

[11] ALCOUTLABI M, LEE H, WATSON J V, et al. Preparation and properties of nanofiber-coated composite membranes as battery separators via electrospinning [J]. Journal of Materials Science, 2013, 48: 2690-2700.

[12] YAO X Y, PECHT M G. Tab design and failures in cylindrical Li-ion batteries [J]. IEEE Access, 2019, 7: 24082-24095.

[13] ZHANG S, JOW T. Aluminum corrosion in electrolyte of Li-ion battery [J]. Journal of Power Sources, 2002, 109(2): 458-464.

[14] ZHOU R, YAO S, ZHAO Y, et al. Tab Design Based on the Internal Distributed Properties in a Zinc-Nickel Single-Flow Battery [J]. Industrial & Engineering Chemistry Research, 2021, 60(3): 1434-1451.

[15] DAS A, LI D, WILLIAMS D, et al. Weldability and shear strength feasibility study for automotive electric vehicle battery tab interconnects [J]. Journal of the Brazilian Society of Mechanical Sciences and Engineering, 2019, 41: 1-14.

[16] LI S, KIRKALDY N, ZHANG C, et al. Optimal cell tab design and cooling strategy for cylindrical lithium-ion batteries [J]. Journal of Power Sources, 2021, 492: 229594.

[17] PYO J, PARK H W, JANG M S, et al. Tubular laminated composite structural battery [J]. Composites Science and Technology, 2021, 208: 108646.

6 金属－空气电池器件

综上所述，金属－空气电池是以空气中的氧气作为正极反应物质，以较为活泼的金属作为负极的一种新型能源器件，也被称为金属燃料电池[1]。该类电池根据正极电催化剂的电化学催化性能可以被做成一次电池和二次电池。电池工作时所需要的氧可源源不断地从空气中获得，氧气再通过气体扩散电极到达电化学反应界面与金属发生氧化还原反应，产生电能。由于金属－空气电池的原材料丰富、价格低廉，安全性高，比能量高以及放电平台稳定，被认为是面向 21 世纪的绿色能源[2]。

目前，已实现商业化的金属－空气电池只有一次锌－空气电池，而可充电式的二次锌－空气电池由于锌负极上易形成锌枝晶等问题阻碍了其进一步的商业化应用。另外，铝－空气电池、镁－空气电池还处于商业化的前期阶段，而锂－空气电池仍然处于基础研究中。

6.1 锌－空气电池

在金属－空气电池中，最早受到关注的就是锌－空气电池，至今已有上百年的研究发展历史。金属锌在水系电解质中相对稳定，在使用缓蚀剂的情况下，并不会发生明显腐蚀[3]。

锌－空气电池的主要优点可以归纳为以下几点[4-5]。

（1）电池的容量高。作为半开放式结构，电池正极的活性物质来源于周围空气中的氧气，不受电池内部的影响。理论上，只要正极可以正常工作，电池的容量是无限的，因此电池容量取决于锌电极的容量。一般来说，锌－空气电池的容量为碱性锌锰电池的 2.5 倍以上，普通干电池的 5~7 倍。

（2）电池的比能量高。锌－空气电池的理论比能量为 1350Wh·kg^{-1}，实际的比能量可达 220~340Wh·kg^{-1}，是铅酸蓄电池的 5~8 倍，锂电池的 2 倍。

（3）放电平台平稳。放电过程中，正极发生氧还原反应，负极发生锌的氧化反应，电压平稳，在 1.0~1.4V 出现平稳的放电平台。

（4）自放电少，可长期储存。电池储存时可将锌板负极取出，使用时再插入电池中，能够有效防止电池的自放电过程的发生。

（5）安全性高。相比于锂电池的有机电解质，锌－空气电池采用碱性的水系电解质，无燃烧、爆炸的危险。

（6）环保无污染。锌－空气电池不含汞、镉、铅等有毒物质，锌电极生成氧化锌，可回收利用，对环境无害、无污染。

锌－空气电池器件一般包括正极、负极、电解质、隔膜、集流网、密封圈和外壳等部件。锌金属在负极端，电催化剂在正极端，电池外壳上的孔可以让空气中的氧进入到电池的腔体，在电催化剂表面发生氧还原反应，同时锌被氧化。

6.1.1　锌－空气电池的分类

锌－空气电池主要分为三种类型[6]。

（1）一次锌－空气电池。像干电池一样，锌－空气电池经过一次放电后就会失效，从而失去使用价值的称为一次电池。目前已实现商业化应用的金属－空气电池大多为一次锌－空气电池，它们的特点是体积小、质量轻，适合长时间、低电流的放电。

（2）电化学可充电锌－空气电池。电池可通过电化学的方法使电解液中生成的氧化锌被电解成锌再次返回负极，实现电池的充电过程。一般这种电池要求正极材料具有析氧反应和氧还原反应双功能催化活性和高稳定性，实现电池的循环充放电使用。

（3）机械式可充电锌－空气电池。电池放电完全后，取出已失效的锌负极，更换新的锌负极和新鲜的电解质后，电池能够恢复其性能和容量。这种方式操作简便，一般可用于便携式电源。替换下来的锌电极可用电化学的方式实现再生。

6.1.2　锌－空气电池的应用

1. 助听器用锌－空气电池

助听器用锌－空气电池是锌－空气电池面向商业化最早的应用之一。一般来说，助听器用电池主要使用锌－空气电池、汞电池和氧化银电池，随着锌－空气电池的进一步发展，锌－空气电池的市场份额逐步提高。主要是因为锌－空气电池显著的高比能优势，其容量是其他电池的3~10倍，用其作为电源，助听器的使用时间更长。另外，锌－空气电池的放电电压平稳，噪声小，安全性高等优点，使其成为用作助听器电源的最佳选择[7]。图6-1（a）中的纽扣电池为用于助听器中的高性能锌－空气电池，工作电压可达1.4V。

2. 便携式锌－空气电池

随着便携式用电设备的迅速发展，寻找一款合适的便携式电源成为重点。锌－空气电池由于高的能量密度、安全性高以及价格低廉等优点一直被认为是最具发展前景的便携式电源。锌－空气电池可用作手机等小型电子设备的电源[8]。另外，随着近几年柔性可弯曲锌－空气电池的问世，可穿戴式锌－空气电池逐渐走入日常生活以及作为步兵随身携带的单兵电源。其机械式的充电方式操作简便，耗时极短，是在户外持续提供电能的优质电源。图 6-1（b）为中国科学院研发的小型便携式锌 – 空气电池，可在高电流密度（50mA·cm^{-2}）下长时间稳定工作[9]。

3. 新能源电动汽车用锌 – 空气电池

锌 – 空气电池作为新能源电动汽车的动力电源的优势主要体现在以下几个方面[10]。

（1）比能量大，续航里程长。锌 – 空气电池的理论比能量为 1350Wh·kg^{-1}，实际的比能量可达 220~340Wh·kg^{-1}，约是目前电动汽车使用的锂电池的 2 倍，可弥补电动汽车续航里程短的缺点。

（2）安全性高。锌 – 空气电池是一个半开放体系，不会出现电池内部压力过大、温度过高等现象，并且电解质采用水系电解液，可以有效避免电池发生爆燃事故。

（3）电池质量轻，充电快速便捷。在相同的能量条件下，锌 – 空气电池的重量仅为锂离子电池的 70%，并且机械式的充电方式快速便捷。

（4）环境友好。电池不产生有毒有害的产物，锌电极可实现回收再生再利用，可以到达零污染。

此外，我国也是锌储存量位于全球第一的国家。由于氢氧燃料电池的价格昂贵，投资巨大，而且技术瓶颈也难以逾越，形成商业化存在一定困难，国际市场诞生了锌 – 空气电池。而锌 – 空气电池也不负众望，为我国新能源环保汽车的普及提供了一条捷径。如图 6-1（c）所示，如今，由锌 – 空气电池驱动的车辆已经走在了中国城市的街头。锌 – 空气电池的性能优越，一辆由锌 – 空气电池驱动的电动自行车，续航里程可达到 200km 以上。它的另一个优点是，不用像传统的电池一样需要等在那里充电，而是采用更换电池的方式来完成车辆的续航。

4. 储能系统用锌 – 空气电池

大力开发储能技术有利于解决电网峰谷差的问题，铅酸电池能量密度低，并且铅的高毒性和酸性电解液对环境存在威胁。而锂离子电池价格偏高，有机电解液存在安全隐患，限制了规模化应用。二次水系锌 – 空气电池储能系统具有低成本、高安全性、高能量密度、环境友好等特性，它也具有启闭迅速，可靠近负荷中心建设等优点。另外，锌 – 空气电池在储能效率、调峰容量、建造成本等方面都具有巨大的优势，有望突破储能领域技术瓶颈。如图 6-1（d）所示的由天津大学材料学院电化学储能研究团队自主研发的水系锌基电池储能系统[11-12]，是水系锌基电池在国内储能领域的首次应用，为电网储能和电力调峰成功配备上了"大型充电宝"。此次天津大学材料学院研发的水系电池极大程度地弥补了传统水系电池的缺陷，具有容量大、比能量高（一般为镉镍电池的 1~2 倍；铅酸电池的 2 倍以上）、安全性好、无记忆效应、低温性能优异（工作温度 –40~55℃）、可大电流快速充放电等优点，成为能够广泛应用于生产和生活中的一种高安全、高性能、高环保的绿色电池。据团队负责人介绍，所研发的高安全性水系锌基电池一经上市就受到了国内外重点企业的迅速关注，如基于该电池的 50kW/150kWh 储能系统在国家电网浙江乐清市供电有限公司进行示范应用。此外，该水系锌基电池储能系统还获得了阿联酋 AL MASA TECHNICAL GEN TRADING L.L.C. 企业的采购和推广应用。

另外，锌-空气电池还可以代替笨重的铅酸蓄电池，用于航标灯、铁路信号、公路信号、地震测量仪、导航机、通信机、战时医疗手术照明等，可取代普通的中性和碱性干电池。另外，在没有工业电的地方，例如野外、山区、海上等均可用作备用电源。

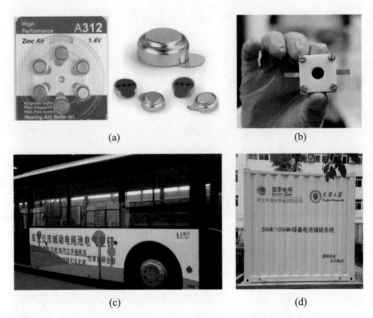

图6-1 （a）纽扣锌-空气电池；（b）小型便携式锌-空气电池；
（c）锌-空气电池纯电动城市公交车；（d）锌-空气电池储能系统

6.2 镁-空气电池

镁金属在地壳中的含量约为 2.08%，储量丰富，环境友好。并且镁-空气电池具有高的理论电压（3.09V）、高的理论比容量（2205mAh·g^{-1}）和高的比能量（6800Wh·kg^{-1}），因此镁-空气电池具有较大的开发前景和应用潜力。

目前，阻碍传统水电解质中二次镁-空气电池快速发展的基本科学困难如下[13]。

（1）镁的电极电势较低，化学活性较为活泼，在水系电解质中容易发生析氢反应，发生自腐蚀，导致镁负极的利用率大幅降低。

（2）MgO 或 MgO_2 膜的热力学和动力学性能较差，导致电池在初始放电过程中产生较大的极化和高度不可逆容量。此外，MgO 和 MgO_2 是绝缘物质，具有电化学惰性，在一般电化学条件下难以转化为金属镁。

（3）空气电极中四电子氧还原反应的高效电催化剂、新型高离子导电性有机电解质和微纳米级镁阳极的协同组合，是提高镁 – 空气电池能量转换效率和稳定性的迫切需要。

镁 – 空气电池的应用历史悠久[14-15]。早在 20 世纪 60 年代，美国通用电气公司就制造了一种中性 NaCl 溶液作为电解质的镁 – 空气电池。目前，镁 – 空气电池的主要应用包括三个方面，其中一个重要应用是作为电力和太阳能的备用能源系统，可在医院和学校等场所发生紧急情况时使用。如图 6-2（a）所示的中国科学院大连化学物理研究所为四川芦山灾区提供的镁 – 空气储备电池，该电池能满足一台 10 瓦 LED 照明灯工作 30 天，或为 200 部智能手机充满电，充电时间极短，仅需 10min。在电池不使用期间，它们在干燥状态下可以储存 10 年以上时间。一旦使用时，将电解液添加到电池中就可以放电，操作简单，使用方便。

加拿大格林伏特电力公司成功研制出了镁海水 - 空气燃料电池，具有比铅酸电池更高的能量密度。该系统不仅可以为电视和手机供电，还可以为车辆提供电能。加拿大 MagPowerTM Systems 公司也开发了一种镁 – 空气电池，将镁、氧和盐水电解质组合在一起，添加氢抑制剂以减少析氢反应的发生，表现出 90% 的效率以及在 –20~55℃的范围内均可正常工作，这种镁 – 空气电池的潜在市场包括远程军事和电信站点。如图 6-2（b）（c）为天宇弘林公司镁 – 空气盐水电池和使用镁 – 空气盐水电池供电的飞泰公司手提灯。它们主要是使用盐水和镁合金产生化学反应来发电，镁合金消耗很慢，主要消耗的是盐水，而且其对水的质量要求并不高，基本上在户外找到水源，配合携带的盐即可用来发电，而更适合的地方就是航海使用，其最需要的两样原料水和盐都应有尽有。长方体的外形，较小巧的尺寸，加上较轻的重量都非常适合户外徒步、紧急救援使用，能最大程度降低携带负担。长达 16 个小时的照明相对来说更适用于户外徒步登山、室内紧急停电、抢险救灾或航海使用；另外，由于该产品对比锂电池来说具有超高的稳定性和安全性，也更适合军用（锂电池若遭到子弹射击，会直接爆炸起火，而镁 – 空气盐水电池，遭到射击，仅会被打穿一个孔，降低一些发电效率而已，不会爆炸，不会起火）。

同时，该系统也可作为电力和太阳能设备的备用系统。镁 – 空气电池的另一个重要应用是用于为海洋设备提供电能，这种电池一般以镁合金为阳极，海水为电解质，海水中溶解的氧为阴极活性物质。1996 年，挪威和意大利合作研制了镁 – 空气电池用于海上油田勘探的自动控制系统。电池由两个总能量为 650kWh 的电桩组成，寿命为 15 年。海下电池也用于灯塔、浮漂和海底监测设备。同时，镁 – 空气电池也是军事上应用的优良电源。海军利用混合镁 – 空气电池和锌镍电池作为探测器的能源供应设备，它们可以在两周内提供 25kW 的脉冲功率。如图 6-2（d）所示的是由中国科学院大连化学物理研究所研究员王二东团队研制的镁 / 海水 – 空气燃料电池系统，该系统顺利完成了水深 3000m 的海上试验，实现了新型镁 / 海水 – 空气燃料电池在深海装备上的首次实际应用。

本次深海试验中，下潜装置由"鹿岭号"深海多位点着陆器、"海鹿号"漫游者潜水器、新型"镁/海水-空气燃料电池及组合能源系统"组成。镁/海水-空气燃料电池系统为着陆器和潜水器提供能源，实现多级高效充供电。镁/海水-空气燃料电池的最大下潜工作深度为3252m，累计作业时间为24.5h，累计为系统供电达到了3.4kWh，充分验证了新型镁/海水-空气燃料电池的深海供电能力及长时间放电稳定性。

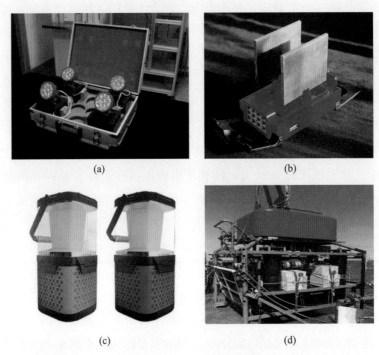

图6-2　（a）中科院为芦山灾区提供的AM30镁-空气储备电池；（b）天宇弘林镁-空气盐水电池；（c）飞泰镁-空气盐水电池手提灯；（d）镁/海水燃料电池系统3000m深海测试

6.3　铝-空气电池

铝-空气电池是以铝金属或铝合金为负极，空气电极为正极，中性或碱性水溶液为电解质的一种新型化学电源。铝-空气电池的负极在放电时被不断消耗，生成$Al(OH)_3$。正极一般采用多孔的高催化活性电极，在放电时通过氧还原反应将空气中的氧还原成OH^-。电解质一般采用中性的NaCl溶液、海水，或者采用碱性溶液。铝-空气电池的理论比能量可以达到8000Wh·kg^{-1}，实际比能量也可以达到400Wh·kg^{-1}，其具有能量密度大、质量小，原材料丰富，绿色环保，寿命长，安全性高等优点[16]。

6.3.1　铝-空气电池的分类

电解液的成分会对铝-空气电池的性能产生较大影响。根据电解液的不同，铝-空气电池主要可以分为以下两种类型 [17-19]。

1. 中性铝 – 空气电池

铝 – 空气电池的中性电解液体系通常使用 NaCl 溶液，在中性电解质中铝金属或铝合金的腐蚀速率相对较小，但是负极表面的钝化严重，并且反应产物会附着在负极表面，导致负极的极化增加，使得电池的工作电压和功率都难以提高。此外，负极产生的 $Al(OH)_3$ 主要以溶胶的形式存在，溶胶一方面会包覆在空气电极表面，对其性能造成一定的影响；另一方面溶胶会留存在电解质中，导致电解质的电导率降低，电池的电阻增加，输出功率降低。

2. 碱性铝 – 空气电池

相对于中性电解质来说，碱性电解质具有更高的电导率，并且可以溶解铝电极表面形成的氧化铝钝化膜，可以提高电池的工作电压。铝电极的放电产物在碱性电解质中具有一定的溶解度，因此碱性铝 – 空气电池在一定程度上比中性铝 – 空气电池更具有优势。但是，铝金属在碱性溶液中的析氢腐蚀速率较大，会降低电池的输出功率和铝电极的利用率，因此，降低铝电极的自腐蚀速率是提高碱性铝 – 空气电池性能的主要措施。

6.3.2　铝 – 空气电池的应用

铝 – 空气电池的发展已有几十年的历程。在 20 世纪 60 年代，Zaromb 和 Trevethan 已经验证了碱性铝 – 空气电池技术上的可行性，吸引了许多西方科研人员的关注。20 世纪 80 年代，美国水下武器研究中心、加拿大、挪威国防研究所等开始研究能够适用于水下电源的铝 – 空气电池，其中加拿大的 Aluminum Power 公司采用铝合金阳极和有效的空气电极组成的电池体系，可以实现 240~400Wh·kg^{-1} 的实际比能量，22.6W·kg^{-1} 的实际比功率，并且提出了研制出无人机用 250W 碱性铝 – 空气电池、水下无人航行器铝 – 空气电池和 6kW 的铝 – 空气电池备用储能。总的来说，在 20 世纪 80 年代，已经研制出了较安全、可靠的铝 – 空气电池体系。进入 20 世纪 90 年代后，铝 – 空气电池得到了迅速发展，尤其在便携电源、应急电源、车用电源和水下电源都有较大的发展。

1. 水下设备的动力电源

开发海洋资源，进行海底石油开采，搭建深远海智能观测系统，都需要可以在海水下长时间工作的用电设备，并且这些设备大多不需要太高的航速，因此要求所使用的电源具有高的能量密度。铝 – 空气电池可以直接使用海水作为电解质，并且可以满足在海水中长时间供电的需求。如图 6-3（a）所示，麻省理工学院下属 Open Water Power 企业在 2017 年研发出"靠喝海水发电"的铝 – 空气电池，应用在"无人水下航行器"。如图 6-3（b）所示，通用原子能电磁系统公司（GA-EMS）为美军研制无人潜航器的铝动力系统（ALPS），在 2019 年 3 月首次为遥控潜航器供电演示。

2. 电动车的电源

电动车的能源系统是制约电动车产业发展的关键因素。由于蓄电池和锂电池的实用性和工艺成熟度，目前市面上的电动车电源大多采用铅酸蓄电池和锂电池。但是它们的比能量低，在很大程度上制约了电动车的续航里程。因此，开发一种高比能的新型能源电池成为电动车普及的关键问题。铝－空气电池具有 $300\sim400Wh\cdot kg^{-1}$ 的高比能量，是电动车的续航能力能够与汽油车相媲美的基本保证。另外，铝－空气电池的机械式充电方法可以保证电车使用的方便快捷。这也是目前锂电池等二次电池所做不到的。2013年，美国 Alcoa 公司和以色列 Phinergy 公司开发出了一个由 50 个单体电池组装的铝－空气电池动力系统，能够让电动车持续行驶 1600km，如图 6-3（c）所示，2014 年美国先进汽车电池会议上，Phinergy 公司展示了 100kg 铝－空气电池可为电动汽车提供行驶3000km 的能量，具有非常大的影响，也表明出了铝－空气电池相较于其他电池的强大竞争力。目前世界各国都在积极开发铝－空气动力电池，开发廉价高效稳定的氧催化剂，提高铝电极的利用率，降低电池的制造和使用成本。电池价格才是其能否真正在电动车领域普及的关键问题。除此之外，美国陆军正在探索和评估新型电池发电技术，其中涉及铝－空气电池的研发，旨在发展未来新能源坦克与步兵战车，如图 6-3（d）所示。铝－空气电池还可应用在无人机电源和单兵作战系统。

3. 便捷备用电源

有相当一部分的山区、林区等偏远地区存在无工业电或者电力不足的情况，低功率、高比能的铝－空气电池可以满足居民日常的照明、小型电气设备的使用。另外，对于矿井、海上资源勘探等场所，非常需要长寿命、高能量密度的电源。在 20 世纪 70 年代时，小功率的铝－空气电池就已经实际应用在了航海航标灯和矿井照明上。在便携电源领域，Aluminum Power 公司所生产的铝－空气电池相比于 Cd-Ni 电池在能量密度上有了较大的提升，其电池电压达到了 24V，功率达到了 3kW。

美国国家能源部投资了 LLNL 国家实验室数百万美元研发铝－空气电池动力系统用以代替内燃机用电池，后来 LLNL 国家实验室和 Elecro-dynamics 等公司联合组建了 Voltek 公司，研发出了实用型的世界第一个铝－空气电池动力系统 VoltekA-2，VoltekA-2 动力电池系统的效率达到了 90% 以上，这是铝－空气电池发展历史中的空前进步。国内研究铝－空气电池较晚，哈尔滨工业大学 1980 年开始了铝－空气电池的研究，20 世纪 90 年代初成功开发出 3W 中性铝－空气电池样品，并于 1993 年研制出 1000W 碱性铝－空气电池堆，用于机器人样机试验，性能达到设计指标。同样在 20 世纪 90 年代，天津大学开发出 200W 中性铝－空气电池堆，用于航海领域，功率小的铝－空气电池已实现了商业化应用。总的来说，铝－空气电池的发展是非常迅速的，国内研究虽然起步较晚，但基本已经赶上了国外，铝－空气电池是有很大可能实现商业化利用的。

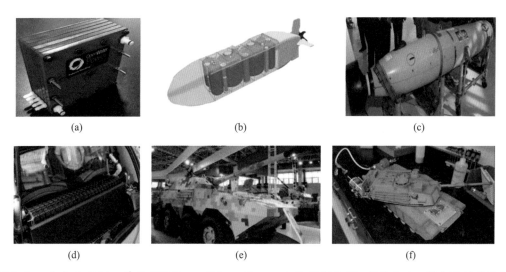

图6-3 （a）麻省理工学院下属Open Water Power企业研发的铝－空气电池；（b）通用原子能电磁系统公司为美军研制无人潜航器的铝动力系统；（c）美国Alcoa公司和以色列Phinergy公司展示的装配有100kg重铝－空气电池的赛车；（d）美国陆军正在探索和评估新型电池发电技术，其中涉及铝－空气电池的研发

6.4 锂－空气电池

锂－空气电池是利用金属锂作为负极，空气中的氧作为正极反应活性物质以实现从化学能向电能转化的二次化学电源。锂－空气电池的理论比能量可高达 11140Wh·kg^{-1}，实际比能量预计可以达到 1700Wh·kg^{-1}。随着新能源产业的进一步发展，动力电池的需求受到了市场越来越大的关注。作为一种新型的二次电源，锂－空气电池由于其突出的能量密度优势，相对于其他的新型化学电源更易满足新能源汽车的动力以及续航要求。另外，锂－空气电池的放电过程是通过金属锂和空气的氧化还原反应进行的，该过程只产生水、电和氧化锂等，无污染物排放，环境友好，而且放电平台稳定，有望实现真正的"零排放"目标。

锂－空气电池的概念最早在 1976 年由 Lockheed 公司的研究人员提出，但当时是以碱性水溶液为电解质溶液，锂的高活泼性导致其会与水发生剧烈反应生成大量的氢气，放出大量的热，从而产生安全问题并导致电池效率极低。到 1996 年，Abraham 和 Jiang 首次提出了凝胶聚合电解质制备的非水系锂－空气电池，真正推动了该电池研究领域的发展。但是由于电极上的反应产物难以溶于有机电解质而沉积在电极表面阻碍进一步反应，PolyPlus Battery 公司将锂－空气电池的电解质体系改进为有机－水混合体系，再次改善了锂－空气电池的结构，推动了科研人员对该体系的进一步研究。另外，在 2010 年，Kumar 等人首次研究出了固态可充电的锂－空气电池。

目前，锂－空气电池由于超高的比能量密度被认为是最具发展前景的新型化学能源之一。但是同时想要将其进一步商业化应用仍存在许多不足与问题亟待解决。

（1）由于锂－空气电池是一个半开放系统，在使用时需要解决如何防止空气进入电池内部的问题。有机液态电解质容易挥发，并且容易吸收水分而导致锂金属负极被腐蚀。另外，空气中少量的 H_2O 和 CO_2 会与锂反应，导致锂的氧化产物减少，生成的 Li_2CO_3 不具有电化学可逆性，从而导致锂－空气电池的循环性能下降。

（2）氧气的电化学还原是一个动力学缓慢的四电子过程，为了减小电极的极化，提高电池的效率，必须要加入电催化剂，而常用的贵金属催化剂价格昂贵、储量稀少，不适用于商业化推广，因此需要开发高效的正极氧催化剂。

（3）在电池的放电过程中，负极的产物会堆积在空气电极上，造成空气电极孔隙的堵塞，从而无法与空气接触，影响传质过程，中断放电过程。

6.4.1 锂－空气电池的分类

根据电解质类型的不同，锂－空气电池主要分为以下两种类型[20-24]。

1. 液态电解液体系锂－空气电池

水系电解液能够解决有机体系中反应产物堵塞电极的问题，但是由于锂会与水发生剧烈的反应，需要对锂表面进行特殊的处理来保护锂负极，但是目前还没有得到较好的解决，目前对于该体系的锂－空气电池的研究还相对较少。

有机电解液体系锂－空气电池使用非水性电解液作为传导离子、传输氧气的载体，所使用的电解液需要在充放电的过程中具有较高的稳定性，低的吸水性和挥发性，并且高的氧气溶解度和快的氧气传输速率对于放电容量和倍率的提高有着重要的影响。

离子液体因为具有低可燃性、疏水性和高稳定性而被应用到锂－空气电池中。但是其黏度高、成本较高，在一定程度上也限制了其进一步的应用。因此，如果可以开发出黏度低、成本低且电导率高的离子液体电解质将能够推动离子液体体系锂－空气电池的发展。

有机－水双电解质体系锂－空气电池的研究还处于初级阶段。该体系锂－空气电池的正极侧采用水系电解液，负极侧采用有机电解液，中间以隔膜分为两个腔室，这样既防止了锂与水反应的发生，也解决了反应产物堵塞正极气体扩散孔道的问题。但是在该体系中，氧气在空气电极中的扩散速度低，隔膜阻抗较大，导致电池的功率密度并不理想。另外，对于隔膜的合成工艺要求较高，在一定程度上提高了电池的成本。

2. 全固态电解质体系锂－空气电池

全固态锂－空气电池采用固态电解质，其与空气电极和锂负极的接触不紧密会导致电池内阻增大，降低电池的放电效率。相对于液态锂－空气电池来说，该体系的结构比较复杂，在制造工艺和成本上不占优势。

6.4.2 锂－空气电池的应用

锂－空气电池作为极具发展潜力的新型化学能源，已受到各国科研人员的重视，并投入了一系列的技术来研究开发高性能的锂－空气电池[25]。根据各国的研究方向与应用发展，锂－空气电池主要应用于以下几个方面。

1. 新能源电动汽车的动力电源

目前市场上的电动汽车基本全部使用的是锂离子电池，想要实现电动汽车的全面普及，就要解决续航里程短的问题，这就要求电池的能量密度达到目前的6~7倍。理论上能量密度远远大于锂离子电池的锂－空气电池便成为首选。日本丰田汽车、美国阿贡实验室、英国巴斯大学等先进科研团队认为锂－空气电池是最有前途的电池技术，并全部都在致力于锂－空气电池的研究，希望能够实现其在电动汽车上的应用。如图6-4（a）所示，日本国家材料科学研究所和软银集团的研究人员开发了一种可充电的锂－空气电池，实验数据显示，在室温下运行时，这种电池的重量能量密度为500Wh·kg^{-1}，约为目前锂离子电池的两倍。可以说，就能量密度和循环次数而言，其表现非常卓越。如果这种新开发的能源应用于电动汽车上，当然能够明显提升续航里程。研究人员指出，尽管已有许多报告证明锂－空气电池成功运行了超过100次循环，实现长时间充/放电，然而在实际的电芯层面上，估计其能量密度低于50Wh·kg^{-1}，相比之下，那些能量密度超过300Wh·kg^{-1}的锂－空气电池，循环次数则少于20次。

2. 手机等小型设备用电源

中国科学院上海硅酸盐研究所高性能陶瓷和超微结构国家重点实验室离子导电能量转换材料与薄膜锂电池研究课题组围绕锂－空气二次电池的实用化开展研究，取得了一系列进展。如图6-4（b）所示，他们制作了容量为5Ah的软包锂－空气电池，为小型用电设备稳定供电。如以电池放电前的质量计算，可获得大约400Wh·kg^{-1}的质量能量密度，如计入放电后产物的质量，该数值大约为340Wh·kg^{-1}。日本东芝、苏格兰圣安德鲁斯大学的研究小组也正在致力于研究手机等小型设备的新型电池技术，将在未来几年实现小型电池的实用化，推动小型锂－空气电池的普及。

但是目前，对于锂－空气电池的研究相对来说还处于初级阶段，在未来几年的时间里，对锂－空气电池的开发主要围绕基础研究和应用研究来开展，包括开发高效的正极催化剂、稳定的电解质以及优化的锂金属负极，尤其组装的电池器件中各个组件间的协调配合水平以及实际应用性能等问题亟待解决。相信在不久的将来，高性能的锂－空气电池将会在生活生产中普及。

(a) (b)

图6-4（a）锂-空气电池有望应用于新能源电动汽车上；
（b）中国科学院上海硅酸盐研究所制作的软包锂-空气电池为小型设备供电

参考文献

[1] CHEN X, ZHOU Z, KARAHAN H E, et al. Recent advances in materials and design of electrochemically rechargeable zinc-air batteries [J]. Small, 2018, 14(44): 1801929.

[2] XU M, IVEY D, XIE Z, et al. Rechargeable Zn-air batteries: Progress in electrolyte development and cell configuration advancement [J]. Journal of Power Sources, 2015, 283: 358-371.

[3] DENG Y P, LIANG R, JIANG G, et al. The current state of aqueous Zn-based rechargeable batteries [J]. ACS Energy Letters, 2020, 5(5): 1665-1675.

[4] ZHANG J, ZHOU Q, TANG Y, et al. Zinc-air batteries: are they ready for prime time? [J]. Chemical Science, 2019, 10(39): 8924-8929.

[5] LEE J S, TAI KIM S, CAO R, et al. Metal-air batteries with high energy density: Li-air versus Zn-air [J]. Advanced Energy Materials, 2011, 1(1): 34-50.

[6] 张涛 . 碱性锌空气电池的研究 [D]. 哈尔滨 : 哈尔滨工程大学 , 2005.

[7] 王武 . 新型扣式锌空气电池 [J]. 电池 , 1988, (1): 62-63.

[8] 李升宪 , 朱绍山 . 用于移动电话的锌空气电池研究 [J]. 电池 , 2002, 32(5): 264-265.

[9] WANG Q, SHANG L, SHI R, et al. 3D carbon nanoframe scaffold-immobilized Ni_3FeN nanoparticle electrocatalysts for rechargeable zinc-air batteries' cathodes [J]. Nano Energy, 2017, 40: 382-389.

[10] 王希忠 , 姜智红 , 刘伯文 , 等 . 车用锌空燃料电池系统开发研究 [J]. 清华大学学报：自然科学版 , 2013, (8): 5.

[11] ZHONG C, LIU B, DING J, et al. Decoupling electrolytes towards stable and high-energy rechargeable aqueous zinc-manganese dioxide batteries [J]. Nature Energy, 2020, 5(6): 440-449.

[12] LIU X, YUAN Y, LIU J, et al. Utilizing solar energy to improve the oxygen evolution reaction kinetics in zinc-air battery [J]. Nature communications, 2019, 10(1): 4767.

[13] LI C S, SUN Y, GEBERT F, et al. Current progress on rechargeable magnesium-air battery [J].

Advanced Energy Materials, 2017, 7(24): 1700869.

[14] ZHANG T, TAO Z, CHEN J. Magnesium-air batteries: from principle to application [J]. Materials Horizons, 2014, 1(2): 196-206.

[15] 石春梅, 曾小勤, 常建卫, 等. 镁二次电池的研究现状 [J]. 电源技术, 2010, (9): 4.

[16] LIU X, JIAO H, WANG M, et al. Current progresses and future prospects on aluminium-air batteries [J]. International Materials Reviews, 2022, 67(7): 734-764.

[17] LIU Y, SUN Q, LI W, et al. A comprehensive review on recent progress in aluminum-air batteries [J]. Green Energy & Environment, 2017, 2(3): 246-277.

[18] 桂长清. 铝空气电池的最新成就和应用前景 [J]. 船电技术, 2005, 25(5): 3.

[19] 吴子彬, 宋森森, 董安, 等. 铝－空气电池阳极材料及其电解液的研究进展 [J]. 材料导报, 2019, 33(1): 8.

[20] 杨凤玉, 张蕾蕾, 徐吉静, 等. 非水系锂空气电池的正极材料和电解液研究进展 [J]. 无机化学学报, 2013, 29(8): 11.

[21] GUO Z, LI C, LIU J, et al. A long - life lithium-air battery in ambient air with a polymer electrolyte containing a redox mediator [J]. Angewandte Chemie, 2017, 129(26): 7613-7617.

[22] LIU L, GUO H, FU L, et al. Critical advances in ambient air operation of nonaqueous rechargeable Li-air batteries [J]. Small, 2021, 17(9): 1903854.

[23] 朱艳丽, 郑晓頔, 焦清介. 离子液体在金属－空气电池中的应用研究进展 [J]. 中国科学：化学, 2016, 46(12): 13.

[24] LI F, KITAURA H, ZHOU H. The pursuit of rechargeable solid-state Li-air batteries [J]. Energy & environmental science, 2013, 6(8): 2302-2311.

[25] PARK M, SUN H, LEE H, et al. Lithium - air batteries: Survey on the current status and perspectives towards automotive applications from a battery industry standpoint [J]. Advanced Energy Materials, 2012, 2(7): 780-800.

7 总结与展望

　　金属－空气电池是以活性金属作为阳极，具有高能量密度和放电平稳等优点；另外，金属－空气电池的副产物一般为金属氧化物，对环境的污染极小。金属－空气电池是少数同时兼具高能量密度和环境友好的电池。但是金属－空气电池在大规模应用之前仍有许多关键性问题需克服，例如可充电性差、动力学迟缓、金属腐蚀、枝晶的产生等。

　　（1）正极（阴极）：如何设计和选择气体扩散层，负载催化剂组成形貌和黏结剂等是金属－空气电池走向规模化应用的重中之重，其涉及电池在充放电过程中的反应机制即充电时的析氧、放电时的氧还原反应，涉及多相反应。理解多相反应原理，合理选择设计金属－空气电池正极，其化学反应深度、速率、可逆性程度对电池的容量、循环稳定性与循环效率具有决定性作用。

　　（2）负极（阳极）：在金属－空气电池中负极面临的最大问题就是阳极的自腐蚀以及枝晶不可控生长。电池放电过程中，金属溶解造成自放电，且在水系金属－空气电池中，负极易与电解液中的水发生析氢反应。因此，如何降低自放电和析氢反应以减少金属腐蚀、抑制枝晶的生长是负极研究的关键。结合电极结构设计、沉积与成核，原位SEI膜生长、负极合金化、电解液调控等各个方面，有效使用不同手段对负极进行改性，利用高端详尽的表征揭示枝晶与腐蚀发生的机制，提出相应的解决策略，实现金属－空气电池长效稳定的循环。

　　（3）电解液：除正、负极外，电解液也是金属－空气电池性能研究的关键。电解液不仅影响金属－空气电池 ORR 和 OER 反应机制，还对其放电产物的化学成分以及电池的可逆性具有重要影响。选择适配的电解液及电解液添加剂，发挥其不同的优势，提高电解液的稳定性，观测固-液界面、固-固界面放电产物的形成对于实现高性能金属－空气电池至关重要。

　　（4）隔膜：在金属－空气电池中隔膜的作用主要隔绝金属阳极与空气阴极的接触，从而阻止金属－空气电池在运行过程中产生枝晶导致电池内短路现象。尽管早前隔膜相比于其他几个关键部分而言，受到的关注较小，但随着研究工作的不断深入，科学工作者们对隔膜也进行了更多的研究。理想的隔膜应该具有良好的离子传导性、对电解液的高度吸收渗透性、面对高浓度腐蚀电解液的稳定性和防止枝晶刺透隔膜的优异力学性能。

　　在我国"十四五"国家重点研发计划"纳米前沿"重点专项中，提出发展高性能金属－空气电池相关的纳米器件，有助于推动我国金属－空气电池技术研究持续深入。需充分了解金属－空气电池反应机制，合理设计金属－空气电池结构，开发研究高效、性能稳定的金属－空气电池。实现金属－空气电池大规模的应用对于发展高效、清洁、安全的新能源、大型智能电网行业具有重大战略意义。